KB077959

이토록 뜻밖의 뇌과학

**Seven and a Half Lessons About the Brain**

# 뇌는 생각하기 위해 있는 게 아니다

1

2

간단히 말해서 당신의 뇌가 하는 가장 중요한 일은 생각하는 것이 아니다. 작은 벌레에서 진화해 아주아주 복잡해진 신체를 운영하는 것이다.

옛날옛적 지구는 뇌 없는 생명체가 지배하고 있었다. 이 말은 정치적 발언이 아니라 생물학적 표현일 뿐임을 알아주기 바란다. 이 생명체 중 하나는 활유어amphioxus였다. 만일 당신이 활유어를 본다면, 몸 양쪽 측면에서 아가미 같은 구멍들을 발견하기 전에는 그저 작은 벌레쯤으로 착각할 것이다. 활유어는 약 5억 5천만 년 전부터 바다에 살았다.[1] 그들의 삶은 단순했다. 매우 기본적인 이동체계를 갖추고 있어 물속에서 스스로 나아갈 수 있었다. 먹는 방식도 매우 단순해서 마치 풀잎처럼 바다 밑에 자리를 잡고, 작디작은 생물체가 자신의 입으로 흘러들어오면 그것이 무엇이든 섭취했다. 맛과 냄새는 전혀 상관없었다. 왜냐하면 활유어에게는 우리와 같은 감각기관이 없었으니까. 활유어는 빛의 변화를 감지하는 세포만 몇 개 있을 뿐 눈도 귀도 없었다. 그들의 빈약한 신경계에는 뇌라고 할 수 없는 아주 작은 세포 덩어리들[2]이 들어 있었다. 활유어를 두고 막대기에 붙은 위장이라고 해도 크게 틀린 말은 아니었다.

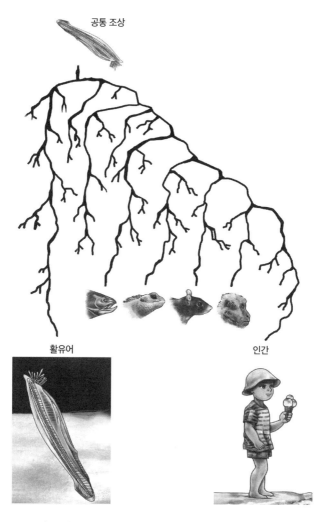

**그림 1** | 활유어가 우리의 직계 조상은 아니지만, 우리는 활유어와 공통 조상을 갖는다. 그 공통 조상은 오늘날의 활유어와 매우 유사할 것으로 보인다.

이 활유어가 당신의 먼 친척이며 지금도 지구상에 살고 있다. 당신이 오늘날의 활유어를 만난다면, 같은 바다를 방랑하던 당신의 아주 오래된 작은 조상과 매우 유사한 생명체를 보는[3] 셈이다.

당신은 선사시대의 바닷속에서 천천히 흔들리는 길이 5센티미터짜리 작은 벌레 같은 생물을 상상하면서 우리 인류가 진화해온 여정을 이해할 수 있는가? 쉽지 않을 것이다. 당신은 고대 활유어에게 없는 것들을 너무 많이 갖고 있다. 당신에게는 수백 개의 뼈, 여러 내장기관, 팔과 다리와 코와 매력적인 미소, 그리고 무엇보다 중요한 뇌가 있다. 활유어에게 뇌는 필요하지 않았다. 감각을 담당하는 세포들은 움직임을 담당하는 세포들과 연결되어 있었다. 그래서 많은 처리과정 없이도 물속 세계에 대응할 수 있었다. 하지만 당신에게는 복잡하고 강력한 뇌가 있어 생각과 감정, 기억과 꿈처럼 다양한 마음의 사건을 일으키고, 당신이라는 존재에 대한 독특하고 의미 있는 것들의 상당 부분을 이루는 내면의 삶을 만들어낸다.

왜 뇌는 당신의 뇌처럼 진화했을까?[4] 누가 봐도 확실한 답은 '생각하기 위해서'다. 우리는 흔히 뇌가 일종의 '상향 진보' 방식으로 진화했다고 추정한다. 말하자면 하등동물에서 고등동물로 진화해서 피라미드 맨 꼭대기에는 어떤 동물들보다도 더 정교하게 설계된 생각하는 뇌인 인간의 뇌가 있다는 식으로 가정한다. 결국 생각하는 것이 인간이 가진 최고의 힘이니 말이다. 그렇지 않나?

하지만 이 명백한 답은 틀린 것으로 드러났다. 사실 우리 뇌가 생각하기 위해 진화했다는 발상은 인간 본성에 대한 엄청난 오해들의 근원이 되어왔다. 그 소중한 믿음을 내려놓았다면 당신은 뇌를 이해하는 길에 첫발을 내디딘 셈이다. 우리 뇌가 실제로 어떻게 작동하는지, 뇌의 가장 중요한 임무가 무엇인지, 궁극적으로 우리가 정말로 어떤 종류의 생명체인지 이해하는 데 한 걸음 다가간 것이다.

$$\times$$

5억 년 전 작은 활유어를 비롯해 단순한 생물들이 바다 밑에서 평화롭게 만찬을 즐기고 있을 때, 지구는 과학자들이 '캄브리아기'라 부르는 시기로 접어들었다. 이 시기에 진화적으로 새롭고 중요한 것 하나가 등장했는데 바로 사냥hunting, 곧 잡아먹는 행위(포식)다. 어디서 어떻게 해서인지 한 생명체가 다른 생명체의 존재를 감지할 수 있게 되었고, 의도적으로 그것을 먹게 되었다. 이전에도 동물들은 서로를 먹어댔지만, 이제는 목적의식을 가지고 먹게 된 것이다. 뇌가 있어야 포식을 할 수 있는 것은 아니었지만 이런 고의적 섭식은 뇌가 발달하는 데 크게 기여했다.

캄브리아기에 포식자가 출현함으로써 지구는 경쟁이 더 심하고 위험한 곳으로 탈바꿈되었다. 잡아먹는 자(포식자)나 먹히는 자(피식자) 모두 자신들을 둘러싼 세계를 더 많이 감지하도록 진화했다. 그들의 감각계는 더 정교하게 발달하기 시작했다. 활유어는 빛과 어둠만 구별할 수 있었지만 새로 등장한 생물들은 실제로 볼 수 있었다. 활유어는 단순한 피부 감각만 갖고 있는 데 반해 새로 등장한 생물들은 촉각이 더 민감하게 진화해서 물속에서 신체의 움직임을 온전히 느끼고 진동으로 대상을 감지할 수 있었다. 오늘날에도 상어는 촉각을 사용해 먹잇감의 위치를 파악한다.

감각이 더 발달하면서 생명체에게 가장 중요한 질문은 '저 멀리 있는 희끄무레한 것이 먹을 만한 것일까, 아니면 내가 저것에게 잡아먹힐까?'가 되었다. 주변 환경을 더 잘 감지하는 생물은 살아남아 성장할 가능성이 더 컸다. 활유어들은 자신을 둘러싼 환경의 주인이었을지 모르지만 그 환경을 감지하지 못한 반면, 새로이 출현한 생물들은 감지할 수 있었다.

포식자와 피식자 모두 서로에게서 새로운 능력을 부여받았다. 바로 더 정교한 움직임이다. 감각신경과 운동신경이 한데 엮인 활유어에게 움직임이란 지극히 기초적인 수준이었다. 활유어는 먹이가 흘러들어올 때마다 아무 쪽으로나 꿈지락거리면서 장소를 옮겨 자리잡았다. 그러고는 희미한 그림자만 드리워도 다른 곳으로 잽싸게 몸을 옮겼다. 하지만 포식자와 피식자는 사냥이라는 새로운 세계에 더 빠르게 더 잘 대처할 수 있도록 운동체계를 발달시키기 시작했다. 새롭게 등장한 이런 생물들은 주변 환경에 맞는 방식으로, 먹잇감 쪽으로 또는 위협을 피해 의식적으로 달리고 몸을 돌리고 잠수할 수 있었다.

생물이 멀리서도 뭔가를 감지하고 더 정교하게 움직일 수 있게 되자 진화는 이런 과업들을 효율적으로 수행하는 생물을 선호했다. 만약 어떤 생물이 먹잇감을 향해 너무 천천히 움직인다면 다른 생물이 먼저 그 먹잇감을 잡아채 먹어버린다. 만약 오지도 않을 잠재적 위협을 피해 도망가느라 에너지를 다 써버렸다면 그들은 나중에 필요할지도 모르는 자원을 허비해버린 셈이다. 생존하려면 에너지 효율이 필수 조건이었다.

에너지 효율은 일종의 예산budget이라고 생각하면 이해하기 쉽다. 재무예산은 돈이 들어오고 나가는 것을 파악한다. 당신의 몸을 위한 예산 역시 이와 비슷하게 수분, 염분, 포도당과 같은 자원들을 얼마나 얻거나 잃었는지 파악한다. 수영

이나 달리기처럼 에너지를 소비하는 행위는 당신의 계좌에서 자원을 인출해가는 것과 같다. 먹거나 자는 것처럼 에너지를 보충하는 행위는 예금하는 것과 같다. 이는 단순화한 설명이지만 몸을 운영하려면 생물학적 자원이 필요하다는 핵심 개념을 잘 담아내고 있다. 당신이 취하는(또는 취하지 않는) 모든 행위는 경제적 선택이다. 당신의 뇌는 생물학적 자원들을 언제 써야 하고 언제 저축해야 하는지 늘 헤아리고 있다.

재무예산을 잘 관리하는 가장 좋은 방법은, 아마 당신도 경험해봐서 알겠지만, 돌발 사태를 피하는 것이다. 돈이 필요할 때를 예상해서 자원을 미리 확보해두는 것이다. 신체예산body budget도 이와 마찬가지다. 캄브리아기의 작은 생물들이 배고픈 포식자가 가까이 다가왔을 때 살아남으려면 에너지 효율이 높은 방법이 필요했다. 굶주림에 떠는 야수가 움직일 때까지 기다리며 그 자리에 얼어붙어 죽은 척하거나 몸을 숨길 것인가, 아니면 야수의 돌진을 예상해 그보다 먼저 도망갈 태세를 갖출 것인가?

신체예산에 관한 한 예측prediction은 늘 반응reaction을 앞지른다. 포식자의 공격에 앞서 움직일 준비를 한 생물들은 포식자가 덮치기를 기다린 생물보다 생존 가능성이 더 크다. 대체로 예측이 적중했거나 치명적이지 않은 실수를 하고 그것으로부터 뭔가를 배운 생물은 잘 살아남았다. 반면 빈번하게 예측이 어긋나거나 위협을 피하지 못하거나 결국 나타나지 않은 위협에 대해 거짓경보false alarm를 반복한 생물들은 그리 잘 살아남지 못했다. 그들은 주변 환경을 덜 탐색했고 먹이를 덜 찾았으며 번식 가능성도 적었다.

이러한 신체예산을 과학에서는 알로스타시스allostasis라고 한다.[5] 알로스타시스란 몸에서 뭔가 필요할 때 충족시킬 수 있도록 자동으로 예측하고 대비하는 것을 뜻한다. 캄브리아기의 생물들은 온종일 감지하고 움직임으로써 자원을 얻거나 썼으므로 대부분의 시간 동안 알로스타시스가 신체 시스템의 균형을 잡아주었다. 써버린 자원을 제때 보충하려면 뒤로 물러나 있는 것도 좋은 방법이었다.

동물들은 몸이 미래에 필요할 것들을 어떻게 예측했을까? 가장 좋은 정보원은 자신들의 과거, 곧 이전에 비슷한 상황에 처했을 때 했던 행위들에 있다. 과거 행위가 성공적으로 위협을 피하게 해주었거나 맛있는 음식을 먹게 해주는 등 보상을 가져다주었다면 그들은 그 행위를 반복하려 할 것이다. 인간을 포함해 모든 종류의 동물은 자기 몸을 어떤 행위에 대비시킬 때 어떤 식으로든 과거 경험을 떠올린다. 예측은 이처럼 유용한 역량이어서 단세포생물조차도 자신의 행위를 예측하여 계획한다. 지금도 과학자들은 이들이 어떻게 예측을 해내는지 수수께끼를 풀어나가고 있다.

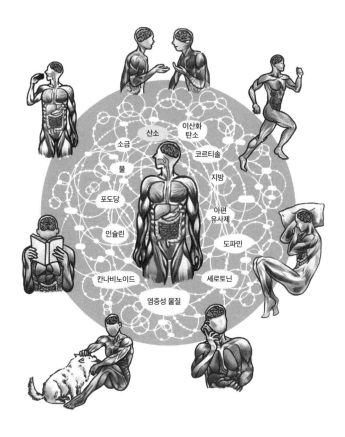

**그림 2** | 당신의 뇌는 물, 소금, 포도당과 그 밖의 여러 가지 생물학적 자원을 조절하기 위한 예산을 운영한다. 과학자들은 이런 신체예산 프로세스를 '알로스타시스'라 부른다.

한번 상상해보라. 아주 작은 캄브리아기의 생물이 물을 따라 떠내려가고 있다. 저 앞에서 맛있을 것 같은 대상이 감지되었다. 이제 어떻게 할까? 그 생물은 움직일 수 있다. 하지만 꼭 움직여야 할까? 움직이려면 예산에서 에너지를 꺼내 써야 한다. 경제성 측면에서 그 움직임은 '노력할 만한 가치가 있어야' 한다.[6] 그것이 예측이다. 과거 경험에 근거해 새로운 행위에 몸을 준비시키는 것이다. 한 가지 명확히 해두자면, 여기서 나는 숙고해서 장단점을 따지는 의식적 의사결정을 말하는 것이 아니다. 일련의 특정한 움직임을 예측하고 일으키기 위해서는 생물 내부에서 반드시 무언가가 일어난다는 사실을 말하려는 것이다. 그 무언가가 가치를 결정한다. 어떤 움직임의 가치는 알로스타시스에 따른 신체예산과 밀접하게 관련이 있다.

고대의 동물들은 더 크고 더 복잡한 몸으로 진화를 계속해왔다. 이는 몸 내부도 더 정교해졌다는 것을 의미한다.[7] 막대기에 붙은 작은 위장에 불과했던 활유어에게는 몸을 조절할 수 있는 신체 시스템이 거의 존재하지 않았다. 물속에서 몸을 곧게 유지하고 원시적인 형태의 장으로 음식을 소화하는 데는 세포 몇 개면 충분했다. 하지만 새로이 등장한 동물들은 피를 뿜어내는 심장과 심혈관계, 산소를 들이마시고 이산화탄소를 내뿜는 호흡계, 감염에 대처할 수 있도록 적응성이 높은 면역계를 비롯한 복잡한 내부 체계들을 발달시켰다.

이러한 체계들은 신체예산 프로세스를 훨씬 더 어렵게 만들었다. 은행계좌 하나로는 감당할 수 없어 제법 큰 기업의 회계부서가 필요해진 것이다. 이 복잡한 신체들은 이제 세포 몇 개만으로는 충분치 않았다. 몸을 효율적으로 운영하려면 수분과 혈액, 염분과 산소, 포도당과 코르티솔cortisol, 성호르몬과 기타 수많은 자원을 모두 잘 조절할 수 있는 뭔가가 필요했다. 한마디로 그들에게는 지휘본부가 필요했다. 바로 '뇌'다.

이렇듯 동물은 몸이 점차 크게 진화하면서 이를 유지하기 위해 점점 더 많은 체계를 갖추게 되었고, 신체예산을 담당하던 몇 개의 세포도 점점 더 복잡성을 띠는 뇌로 진화했다. 몇억 년 만에 지구는 온갖 종류의 복잡한 뇌들로 어수선해졌다. 600개가 넘는 근육의 움직임을 감독하고, 여러 가지 호르몬의 균형을 맞추고, 혈액을 하루에 2천 갤런씩 뿜어내고, 수십억 개 뇌세포의 에너지를 조절하고, 음식을 소화하고, 노폐물을 배설하고, 병과 싸우는 이 모든 것을 얼추 72년간 잠시도 쉬지 않고 해내는 당신의 뇌를 포함해서 말이다. 당신의 신체예산은 거대한 다국적기업의 회계계정 수천 개와 같으며, 당신에게는 그것들을 감당해낼 뇌가 있다. 심지어 이러한 신체예산 프로세스는 당신과 함께 살아가는 다른 사람들의 뇌로 인해 한층 더 힘겹고 어마어마하게 복잡해진 세상에서 일어난다.

이제 처음의 질문으로 돌아가보자. 왜 뇌는 당신의 뇌처럼 진화했는가? 이는 사실 대답하기 불가능한 질문이다. 왜냐하면 진화는 목적을 갖고 일어나는 것이 아니기 때문이다. 진화에는 '왜'가 없다. 하지만 최소한 당신의 뇌에서 가장 중요한 임무가 무엇인지는 말할 수 있다. 뇌의 핵심 임무는 이성이 아니다. 감정도 아니다. 상상도 아니다. 창의성이나 공감도 아니다. 뇌의 가장 중요한 임무는 생존을 위해 에너지가 언제 얼마나 필요할지 예측함으로써 가치 있는 움직임을 효율적으로 해내도록 신체를 제어하는 것, 곧 알로스타시스를 해내는 것이다. 당신의 뇌는 음식이나 보금자리, 애정 또는 물리적 보호와 같이 좋은 것으로 보상받을 수 있으리라는 희망을 품고 지속해서 당신의 에너지를 투자한다. 그렇게 해서 자연의 필수 과업, 곧 당신의 유전자를 다음 세대에게 전달하는 일을 완수하는 것이다.

간단히 말해서 당신의 뇌가 하는 가장 중요한 일은 생각하는 것이 아니다. 작은 벌레에서 진화해 아주아주 복잡해진 신체를 운영하는 것이다.

물론 당신이 지금 이 책을 읽고 이해할 수 있듯, 우리 뇌는 생각하고 느끼고 상상하며 수백 가지 경험을 만들어낸다.

하지만 이 모든 정신적 활동은 신체예산을 잘 관리해서 당신을 살아 있게 한다는 뇌의 핵심 임무가 낳은 결과물이다. 기억에서 환각까지, 황홀감에서 수치심에 이르기까지 당신의 뇌가 만들어내는 모든 것은 이러한 임무의 일부다. 때때로 눈앞의 프로젝트를 끝마치기 위해 밤늦게까지 커피를 마시며 앉아 있어야 할 때처럼 내일 갚아야 할 에너지를 오늘 빌려써야 하는 날이면 당신의 뇌는 단기적으로 예산을 운영하기도 한다. 반면에 수학이나 목공과 같은 어려운 기술을 몇 년에 걸쳐 배우는 것처럼 지속적인 투자가 필요하지만 궁극적으로 생존과 번영에 도움이 되는 일을 할 때면, 당신의 뇌는 장기적으로 예산을 운영한다.

우리는 뭔가를 생각하거나 행복이나 분노, 경외심 같은 감정을 느끼거나 누군가를 안아주거나 포옹을 받거나 누군가를 친절하게 대하거나 모욕적인 말을 참아내는 일들 하나하나를 경험할 때 몸의 신진대사 예산에 자원을 넣거나 빼낸다고 느끼지 않는다. 하지만 신체 내부에서는 바로 그런 일이 일어난다. '신체예산'이라는 발상은 당신의 뇌가 어떻게 작동하는지 이해하고, 결국 어떻게 더 건강하고 의미 있는 삶을 오래도록 살 것인가 하는 문제를 풀어내는 핵심 열쇠다.

이 작은 진화 이야기는 당신의 뇌와 주변의 다른 뇌들에 관한 좀 더 긴 이야기의 서두에 해당한다. 다음 이어질 일곱 개의 짧은 강의에서 우리는 우리 머릿속에서 일어나는 일들에 대한 이해를 근본적으로 바꾸어놓은 신경과학, 심리학, 인류학의 놀라운 과학적 발견들을 둘러볼 것이다.

우리는 믿기 힘들 만큼 놀라운 뇌들로 가득한 동물의 왕국에서 과연 무엇이 인간의 뇌를 특별하게 만드는지 알게 될 것이다. 우리는 어떻게 아기의 뇌가 점차 어른의 뇌로 바뀌어가는지 살펴볼 것이다. 그리고 어떻게 하나의 뇌 구조에서 각각 다른 인간의 마음들이 생겨날 수 있는지도 살필 것이다. 우리는 심지어 현실의 질문들과도 맞붙을 것이다. 무엇이 우리에게 관습, 규칙, 문명을 만들도록 힘을 주는가? 이 여정을 따라가면서 우리는 신체예산과 예측 프로세스, 그리고 당신의 행위와 경험을 만들어내는 이들의 중추적 역할을 다시 들여다볼 것이다. 우리는 또한 우리의 뇌와 몸이 다른 사람의 몸에 들어 있는 뇌와 어떻게 강력하게 연결되어 있는지도 밝힐 것이다. 이 책을 덮을 때쯤 당신의 머리가 생각 말고도 더 많은 것을 위해 존재한다는 사실에 기뻐했으면 좋겠다. 내가 그랬듯 말이다.

# 뇌는 하나다,
# 삼위일체의 뇌는 버려라

1

강

뇌를 보는 관점이 바뀌면 합리적이라는 게 뭔지, 자기 행동에 책임을 진다는 게 무슨 말인지, 심지어 인간이 된다는 게 무엇을 의미하는지 다시 생각하게 된다.

2천 년 전 고대 그리스에서 플라톤이라는 철학자가 전쟁 이야기를 하고 있었다. 도시 간 또는 국가 간 전쟁이 아니라 사람 내부에서 일어나는 전쟁이었다. 플라톤은 이렇게 썼다. 인간의 마음은[8] 자기 행동을 통제하기 위해 세 가지 내면의 힘 사이에서 일어나는 끝없는 전투다. 첫 번째 힘은 식욕이나 성욕 같은 기본적인 생존 본능으로 이루어져 있다. 두 번째 힘은 기쁨, 화, 두려움 같은 감정으로 이루어져 있다. 플라톤에 따르면 이 본능과 감정은 당신의 행동을 일탈되고 잘못된 방향으로 이끌 수 있는 짐승과도 같은 것이다. 이 혼란에 대응하기 위해 당신은 세 번째 힘인 이성적 사고를 갖게 됐는데, 이것이 본능과 감정이라는 야수에게 고삐를 채워 우리를 더욱 문명화되고 도덕적으로 옳은 길로 인도한다는 것이다.

내면의 갈등에 관한 플라톤의 설득력 있는 도덕 이야기는 여전히 서구문명에서 가장 사랑받는 서사 중 하나다. 욕망과 이성 사이에서 벌어지는 내면의 줄다리기를 느껴보지 않은 사람이 누가 있겠는가?

그러니 뒷날 과학자들이 인간의 뇌가 어떻게 진화했는지 설명하기 위해 플라톤이 말한 전투가 뇌 어디에서 벌어지는지 찾아보려 했던 것[9]도 놀라운 일은 아니다. 과학자들에 따르면 옛날옛적에 우리는 도마뱀이었다. 3억 년 전, 먹고 싸우고 교미하는 것과 같은 기본 생리 욕구를 위해 '파충류의 뇌reptilian brain'라는 것이 만들어졌다. 그로부터 약 1억 년이 지나 우리에게 감정을 불러일으키는 새로운 부분이 진화했고, 그렇게 우리는 포유류가 되었다. 그러고 나서 이 뇌가 마침내 내면의 야수를 조절하는 이성 영역을 진화시켰다. 우리는 인간이 되었고, 그 뒤로 오래오래 이성적으로 살았다.

이러한 진화 이야기에 따르면 인간의 뇌는 '삼위일체의 뇌triune brain'로 알려져 있듯 세 층으로 이루어져 있으며, 하나는 생존을 하나는 느낌을 하나는 생각을 담당한다. 가장 안쪽에 있는 층, 다른 말로 '도마뱀의 뇌lizard brain'는 이른바 고대의 파충류로부터 물려받은 것으로 우리의 생존 본능이 들어 있는 곳이다. 변연계limbic system라 불리는 가운데 층은 선사시대의 포유류로부터 물려받은 것으로 감정을 담당하는 오래된 부분을 담고 있다고 추정된다. 대뇌피질cerebrum cortex의 일부인 가장 바깥층[10]은 유일하게 인간에게만 있으며 이성적 사고의 근원이라고 한다. 신피질neocortex이라고도 알려져 있다. 신피질 일부를 전전두피질prefrontal cortex이라 부르는데, 이

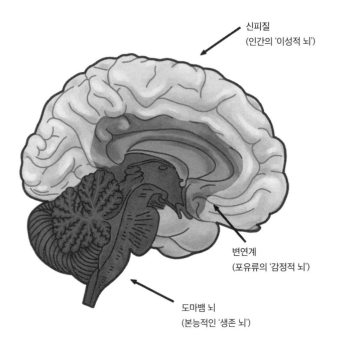

신피질
(인간의 '이성적 뇌')

변연계
(포유류의 '감정적 뇌')

도마뱀 뇌
(본능적인 '생존 뇌')

**그림 3** | 삼위일체의 뇌 가설

Seven and a Half Lessons
about the Brain

# 이토록
# 뜻밖의
# 뇌과학

리사 펠드먼 배럿 지음
변지영 옮김
정재승 감수

더 퀘스트

# 이토록 뜻밖의 뇌과학

**초판 발행** · 2021년 8월 5일
**초판 15쇄 발행** · 2024년 8월 9일

**지은이** · 리사 펠드먼 배럿
**옮긴이** · 변지영
**감수** · 정재승
**발행인** · 이종원
**발행처** · (주)도서출판 길벗
**브랜드** · 더퀘스트
**출판사 등록일** · 1990년 12월 24일
**주소** · 서울시 마포구 월드컵로 10길 56(서교동)
**대표전화** · 02)332-0931 | **팩스** · 02)323-0586
**홈페이지** · www.gilbut.co.kr | **이메일** · gilbut@gilbut.co.kr
**대량구매 및 납품 문의** · 02) 330-9708

**기획 및 책임편집** · 박윤조(joecool@gilbut.co.kr) | **편집** · 안아람, 이민주
**디자인** · 박상희 | **마케팅** · 정경원, 김진영, 김선영, 정지연, 이지현, 조아현, 류효정
**제작** · 이준호, 손일순, 이진혁 | **영업관리** · 김명자, 심선숙 | **독자지원** · 윤정아

**교정교열 및 전산편집** · 이은경 | **CTP 출력 및 인쇄 제본** · 예림인쇄 | **제본** · 예림바인딩

ISBN 979-11-6521-584-2 03400
(길벗 도서번호 040143)

값 16,000원

**독자의 1초까지 아껴주는 길벗출판사**

(주)도서출판 길벗 | IT교육서, IT단행본, 경제경영서, 어학&실용서, 인문교양서, 자녀교육서 **www.gilbut.co.kr**
길벗스쿨 | 국어학습, 수학학습, 어린이교양, 주니어 어학학습, 학습단행본 **www.gilbutschool.co.kr**

페이스북 **www.facebook.com/thequestzigy**
네이버 포스트 **post.naver.com/thequestbook**

# 인간 뇌에 대한 더없이 흥미롭고 유익한 아홉 번의 강연

KAIST 바이오및뇌공학과 교수 **정재승**

"뇌과학 강연을 듣고 싶어요." 뇌과학자로서, 대중강연에서 만난 일반인 청중들에게 자주 듣는 얘기다. "저도 KAIST 학생들처럼 뇌과학을 제대로 한번 배워보고 싶어요"라며 진지하게 열의를 보이는 청중들도 생각보다 많다.

살다 보면 내가 왜 이런 생각을 하는지, 저들은 왜 저런 행동을 하는지 궁금할 때가 많다. 부모 또는 자녀와 갈등이 있거나, 배우자나 친구와 말다툼이라도 하면 더욱 그렇다. 또 SNS에 올라온 글들을 보며 '세상엔 참 독특한 생각을 하는 사람이 많구나'라는 생각이 떠오를 때면 뇌과학을 찾기 십상이다. 도대체 인간의 뇌는 어떻게 작동하길래!

나의 정체성은 어디에서 비롯되며 저들의 행동은 어디서 연유한 것인지, 인간은 도대체 왜 이렇게 살아가는지 궁금해지는 순간, 우리는 이 모든 것의 시작이자 마지막 배출구인 '뇌'를 제대로 알아보고 싶어진다. 나와 내 이웃, 그리고 우리 사회를 제대로 이해하고 싶은 것은 인간의 가장 원초적인 지적 욕구니까.

그런 측면에서 이 책은 우리 모든 호모 사피엔스들에게 근사한 선물이다. 뇌과학의 최전선에서 활발히 연구하는 학자가 마치 나에게만 특별히 들려주는 강의처럼 누구나 쉽게 이해할 수 있는 언어로 뇌과학의 정수를 친절하게 설명해주기 때문이다. 게다가 저자는 뇌과학 지식을 소개하는 데 그치지 않고, 우리가 이런 뇌를 품고 어떤 태도로 살아가야 할지도 조언해주니 이보다 더 좋은 수업이 있을까.


이 책의 저자 리사 펠드먼 배럿 교수는 내가 존경하는 뇌과학자다. 배럿은 정서신경과학affective neuroscience(감정의 신경생물학적 메커니즘을 탐구하는 뇌과학 분야) 분야에서 흥미로운 연구 결과를 발표하고 의미 있는 가설들을 제안해왔다. 나 역시 연구 과정에서 그의 논문을 여러 편 읽었으며, 그의 전작 《감정은 어떻게 만들어지는가?》도 아주 흥미롭게 읽었다.

배럿은 '인간의 감정은 문화적 환경 속에서 후천적으로 학습되고 구성되는 생물학적 토대를 가진다'는 획기적인 이론으로 주목받은 바 있다. 예를 들어 인간은 여섯 가지 기본 감정basic emotion(슬픔·기쁨·분노·역겨움·놀라움·공포)과 좀 더 복잡한

20여 가지 복합 감정complex emotion을 가지고 있다는 것이 학계의 통설인데, 배럿은 서양 문화권과 동떨어진 나미비아의 힘바족이 이 여섯 가지 기본 감정을 '기쁨' 대신 '웃는', '두려움' 대신 '바라보는' 등과 같이 좀 더 행동 중심으로 받아들인다는 것을 발견했다. 해석해보자면, 모든 사람에게서 공통으로 발견되는 보편적 감정의 지문은 존재하지 않으며, 감정은 문화와 전후 맥락에 따라 다양하게 해석되고 표현될 수 있는 구성된 개념이자 일련의 개체군 사고임을 보여준다. 배럿은 이렇게 가장 원초적인 감정조차도 사회적 구성물임을 주장해 학계를 놀라게 했다.

그런 그가 이번에는 마음먹고 일반인을 위한 뇌과학 강의에 나섰다. 원제가 '뇌에 관한 7과 1/2번의 강의'인 이 책은 한 번의 도입 강연과 일곱 번의 본 강연을 통해 뇌과학의 고갱이를 맛보게 해준다. 앞으로 뇌과학을 공부하려는 청소년과 젊은이들에게 이 책을 꼭 읽어보라고 추천한다. 또 뇌과학을 전공하거나 연구하지 않더라도 이 뇌과학 입문서를 읽어두면 삶에 많은 도움이 될 것이라 믿어 의심치 않는다.

내가 《이토록 뜻밖의 뇌과학》을 추천하는 강력한 근거는 이 책이 가진 몇 가지 미덕에 있다. 우선 뇌과학의 최신 연구 성과들을 바탕으로 '생명체에게 뇌가 왜 필요하며 우리는 어떻게 뇌라는 1.4킬로그램의 기관을 갖게 되었는지'를 근본적으로 설명해준다. 배럿에 따르면 우리 뇌는 '생각하기 위한 이성의 기관'이 아니며, 사실은 에너지가 필요하기 전에 그 필요를 예측하고 가치 있는 움직임을 효율적으로 만들어내면서 생존을 위해 신체를 제어하는 역할, 곧 알로스타시스를 해내는 기관이다. 다시 말해 뇌는 신체예산을 효율적으로 관리해 '생존'할 수 있게 해주는 기관이라는 얘기다. 이것은 뇌의 기원을 탐구하는 학자들에게 매우 유용한 가설 중 하나이며, 최근 들어 더욱 지지를 얻고 있다.

영국의 과학저널 《네이처 리뷰스 뉴로사이언스》는 지난 20년간 뇌과학이 밝혀낸 가장 중요한 학문적 성취를 꼽아달라는 질문에 뇌과학 전 분야에서 초대된 세계적인 석학 18명이 답한 글들을 모아 2020년 9월호에 '지난 20년간의 뇌과학을 돌아보며'라는 제목으로 논문을 실었다. 그런데 흥미롭게도 그들이 손꼽은 주요 성과들이 그보다 앞서 집필된 이 책 안에 고스란히 녹아 있다. 뇌는 거대한 단백질 덩어리가 아니라 '네트워크'라는 사실이라든가, 뇌가 복잡한 네트워크의 유기적 정보처리를 통해 창의성을 발현하는 복잡계complex system라는 사실 등이 그 예다. 또 뇌는 선천적으로 타고난 것도 후천적으로 만들어지는 것만도 아니며, '양육이 필요한 본성'을 가진 기관이라는 것도 중요한 발견이다. 뇌는 그 자체로 '예측기계prediction machine'라는 가설도 석학들이 꼽는 주요 성과인 동시에 이 책의 주된 주제다. 한마디로 21세기 뇌과학의 정수가 이 책 안에 고스란히 담겨 있다.

이 책의 미덕 중 내가 각별히 좋아하는 점은 뇌에 대한 여러 오해를 풀어준다는 것이다. 한 예로, 흔히 '삼위일체의 뇌'라고 부르는 가설이 왜 허구적인 신화에 불과한가를 조목조목 따져 밝혀내는 대목이 있다. 우리 뇌가 파충류의 뇌, 포유류의 뇌, 인간의 뇌 등 세 층으로 이루어져 있다는 삼위일체의 뇌 가설은 아주 오랫동안 사람들 사이에서 회자되어왔다. 특히 천문학자 칼 세이건이 자신의 저서 《에덴의 용》에 이 개념을 소개하면서 일반 대중들에게도 널리 알려졌다. 하지만 실제로 다양하게 생긴 동물들의 뇌는 모두 공통된 뇌 제조계획하에 만들어진 것이다. 난자와 정자가 만나 수정된 직후 배아가 뇌를 형성하고 신경세포를 만들어가는 과정은 놀라울 정도로 정해진 순서를 따르며, 모든 동물은 같은 순서와 단계를 거쳐 만들어진다. 다만 종별로 각 단계에 머무는 시간이 달라 서로 다른 특징을 가진 뇌가 형성되는 것이다. 삼위일체 뇌 가설은 파충류에서 포유류 그리고 인간과 같은 영장류에 이르는 진화적 과정에서 마치 뇌의 층이 하나씩 더해져 우수해지는 방향으로 진화해왔다는 편견을 심어준다. 인간이 '인간'인 이유는 우리만의 거대한 대뇌피질을 가져서가 아니라 보편적 원리에 따라 만들어진 뇌 구조가 전체적으로 다른 방식으로 작동하기 때문이다. 우리 뇌 안에는 파충류의 본성이나 포유류의 본성을 담당하는 원시 뇌는 없다는 사실을 이제 많은 독자가 상식으로 받아들이면 좋겠다.

무엇보다도 이 책의 가장 큰 미덕은 '나'를 이해하는 데 크게 도움을 준다는 데 있다. 내 안에는 어떻게 해서 여러 가지 상충하는 마음이 공존하는지, 나는 내 몸을 통해 어떻게 세상을 이해하고 받아들이는지, 그리고 그 과정에서 어떻게 지금과 같은 습관·성격·태도·세계관 등을 갖게 되었는지 짐작하게 도와준다. '도대체 나는 왜 이렇게 생겨먹었는지'에 대해 독자들은 작지만 의미 있는 실마리를 얻을 것이다.

뇌과학자들에게 '뇌과학의 정수를 알려주세요'라고 요청했을 때 과학자들은 대개 이 책과 같은 강연을 구성하지 않을 것이다. 다시 말해 이 책은 매우 개성 있는 강연 시리즈라고 할 수 있다. 배럿의 이 강연이 개성 있는 이유 몇 가지를 꼽으면 다음과 같다.

우선 심리학자인 배럿이 '복잡계 네트워크로서의 뇌'를 강조한 건 이례적이다. 특히 뇌의 복잡성에 주목하고 그것이 환경에 적응하는 데 어떤 영향을 끼치는지 서술한 내용은 매우 흥미롭다. 짐작건대, 그가 몸담고 있는 노스이스턴대학교에는 세계적인 물리학자 알버트 바라바시Albert-László Barabási 교수가 이끄는 '복잡계 네트워크 연구센터The Center for Complex Network Research'가 있으며, 이곳은 복잡계 네트워크로서의 뇌를 연구하는 훌륭한 연구 전통을 가지고 있다. 배럿 교수도 다양한 연구방법론을 사용하는 학자로서 이 연구센터의 걸출한 연구 성과를 통해 '복잡계 네트워크로서 뇌'의 중요성을 충분히 인지하고 이 책에도 상당 부분 반영하지 않았을까 추측해본다.

정서를 연구하는 학자인 저자가 즉각적으로 반응하는 뇌(저자는 탐탁지 않게 생각하겠지만 비유하자면 '시스템1'), 감각을 바탕으로 예측하고 반응하는 뇌, 감정을 기반으로 한 생존기계로서의 뇌를 강조한 것도 흥미롭다. 만약 의사결정이나 추론을 연구해온 학자였다면 우리가 어떻게 물체들을 범주별로 나누고 일반화해서 세상을 이해하며, 어떻게 감각을 바탕으로 세상을 재구성하는지에 대해 완전히 다른 관점으로 서술할 수도 있다. 또는 언어나 종교, 아니면 좀 더 추상적인 행위를 연구하는 학자이거나, 호기심이나 상상력을 바탕으로 세상을 탐색하는 뇌에 관해 연구하는 학자였다면 인간의 추상적 사고와 의식에 좀 더 많은 지면을 할애했을 것이다. 뇌가 생각을 위한 기관이 아니라 생존을 위해 에너지(신체예산)를 적절히 배분하고 조정하는 기관이라는 주장도 정서를 연구하는 그의 관점을 잘 반영하고 있다. 덕분에 우리는 아주 개성 넘치는 뇌과학 강연 시리즈를 이 책을 통해 듣게 된 것이리라.

리사 펠드먼 배럿 교수는 감정이 사회적 구성물임을 강조하는 학자다. 개인의 감정 경험이 개인의 행동들을 통해 능동적으로 구성되며, 우리 스스로를 능동적인 감정 설계자로 규정한다. 이런 감정 경험들이 모이고 사람들 사이의 집단지향성을 통해 사회적 실재로서 현실이 창조된다. 우리가 감정을 주고받으면서 서로에게 영향을 끼치는 사회적 동물임을 자각할 때, 우리는 비로소 감정의 주체로서 미래를 새롭게 창조할 수 있다고 그는 믿는다. 그래서 그는 지각과 경험을 바탕으로 끊임없이 다음 상황을 예측하고 반응하는 뇌의 메커니즘을 강조한다.

더 나아가 배럿은 이런 학문적 성취를 바탕으로 감정의 생물학적 메커니즘 연구에 머물지 않고, 우리가 다양한 사회적 영역에서 어떻게 사고하고 의식을 확장해야 하는지 조언한다. '양육이 필요한 본성'이라는 뇌의 기본 계획을 어떻게 일상에서 발전시켜나갈 것인지 살펴보고, 문화의 역할을 특별히 강조한다. 이러한 그의 주장은 현대 신경과학에서 점점 더 설득력을 얻고 있는데, 아직 이런 주장을 자세히 다룬 책들이 부족한 현실에서 이 책은 각별히 유익하다.

물론 배럿이 신체예산을 운영하거나 예측을 하는 뇌에만 관심을 둔 것은 아니다. 이 책의 가장 매력적인 장이기도 한 7장 '인간의 뇌는 현실을 만들어낸다'에서는 우리 뇌가 어떻게 감각을 추상화하고 의사소통과 모방, 창의성과 협력, 그리고 압축 과정을 통해 현실을 창조해내는지 흥미롭게 서술한다. 이처럼 우리가 아직 짐작조차 하지 못하는 '뇌의 작동원리'를 대담하게 제시한 대목은 이 책의 탁월함을 입증하는 또 하나의 근거가 된다.

이 책을 다 읽을 즈음 독자들은 깨달을 것이다. 뇌는 우리가 살아가는 모든 순간에 쉼 없이 작동하고 있음을. 그리고 그것을 고마워하게 된다. 복잡하면서도 체계를 가진 네트워크로서 뇌는 끊임없이 다음 상황을 예측하고, 다른 뇌와 상호작용하며, 여러 가지 마음을 만들어내고 통합하면서 내 몸을 조정하고 세계를 인식하게 해주는 동시에 현실을 창조해낸다. 그 덕분에 우리는 모두 같은 세상에 살지만 다른 방식으로 세상을 인지하며, 감각 경험들은 새로운 미래를 인식하고 창조하는 데 중요한 밑거름이 된다. 이를 통해 우리는 타인의 마음을 받아들일 자세를 가다듬고, 다양성을 포용하는 열린 태도로 삶을 살아갈 채비를 갖춘다.

이제 독자들은 이 책에서 펼쳐질 강연들을 통해 이 모든 것이 1.4킬로그램의 뇌에서 벌어지고 있음을 경이로운 마음으로 만끽하실 것이다. 참, 나는 이 글의 제목에서 이 책이 아홉 번의 강연임을 강조했다. 저자는 겸손하게 7과 1/2이라고 설명했지만, 도입 강연은 그 자체로 너무나 훌륭해서 2분의 1이 아니라 하나의 정식 강연으로 간주하고 싶다. 그리고 무엇보다도 '부록: 과학 이면의 과학'도 반드시 읽어보시라는 의미에서 모두 아홉 번의 강연이라고 강조했다. 뇌과학의 세세한 뒷얘기와 매우 중요한 뇌과학 정보들이 흥미롭게 서술되어 있어 놓치지 마시라고 당부드린다. 자, 이제 배럿 교수와 함께 떠나는, 멈추고 싶지 않을 아홉 번의 뇌과학 강연에 참석하신 여러분을 진심으로 환영하고 응원한다.

# 들어가며

나는 당신이 호기심과 재미를 느끼기를 바라며 이 짧고 쉽게 읽히는 책을 썼다. 물론 이 책이 뇌와 관련한 모든 것을 설명해주지는 않는다. 각 장은 뇌에 관해 매우 흥미로운 과학적 사실들을 제시하며, 이것이 인간의 본성에 관해 무엇을 드러내는지 다룬다. 처음부터 차례로 읽으면 가장 좋겠지만 꼭 순서대로 읽을 필요는 없다.

　교수로서 나는 연구에 관해 설명하거나 학술지에 제언을 기고하는 등 과학적 정보를 많이 담은 글을 주로 써왔다. 하지만 이 책의 경우에는 독자들이 덜 부담스럽게 느끼도록 참고문헌 전체를 내 홈페이지(sevenandahalflessons.com)로 옮겨두었다. 더 궁금한 분은 홈페이지를 참조해주면 좋겠다.

　이 책 끝에 과학적 세부사항을 일부 간추려 부록으로 실었다. 각 강의의 주제에 관해 한 걸음 더 들어가 내용을 좀 더 깊이 있게 다룬다. 또한 과학자들 사이에서 여전히 논쟁거리가 되는 점들을 설명하고, 몇몇 흥미로운 표현 방식이 누구에게서 왔는지 출처를 밝힌다.

책 제목에서 왜 8가지가 아니라 7과 1/2가지라고 했는지 설명해야겠다. 첫 수업인 1/2강에서는 뇌가 어떻게 진화했는지를 살펴본다. 방대한 진화사를 살짝 훔쳐보는 정도여서 1/2강이라고 이름 붙였다. 하지만 첫 수업 내용에는 이 책 전체를 이해하는 데 매우 중요한 개념이 소개되어 있다.

한 신경과학자가 우리 뇌에 관해 어떤 점이 그토록 흥미롭다고 생각하는지, 그리고 두 귀 사이에 있는 3파운드(1.36킬로그램)짜리 덩어리가 어떻게 우리를 인간이게 하는지, 이 책을 읽으면서 알아가는 즐거움을 느끼면 좋겠다. 이 책은 인간의 본성에 관해 어떻게 생각해야 하는지를 말해주지는 않지만 당신이 어떤 인간인지 또는 어떤 인간이기를 원하는지에 관해 생각하도록 권유할 것이다.

# 차례

곳은 감정적 뇌와 파충류의 뇌를 조절해 우리가 비합리적이고 짐승처럼 굴지 않도록 하는 것으로 추정한다. 삼위일체의 뇌 가설을 지지하는 사람들은 인간이 매우 커다란 대뇌피질을 가졌다는 것에 주목하고, 이를 의심할 나위 없는 이성적 본성의 증거로 본다.

당신도 아마 눈치챘을 것이다. 지금 나는 인간 뇌의 진화에 대해 두 가지 다른 이야기를 하고 있다. 앞의 1/2강에서 나는 뇌가 점점 복잡해지는 신체의 에너지 자원 예산을 관리해가면서 감각계와 운동계를 점점 정교하게 진화시켰다고 했다. 하지만 3층 뇌 이야기에 따르면 우리의 동물적 충동과 감정을 정복하기 위해 이성이 생겨나면서 뇌는 층을 이루어 진화했다. 우리는 이 두 가지 다른 과학적 관점을 어떻게 조화시켜야 할까?

다행스럽게도 우리는 이 두 가지를 조화시킬 필요가 없다. 왜냐하면 하나가 틀렸기 때문이다. 삼위일체의 뇌 가설은 과학을 통틀어 가장 성공적이었으며 가장 널리 퍼진 오류 중 하나[11]다.

이 이야기는 분명히 설득력이 있으며 때때로 우리가 일상에서 느끼는 바를 정확히 보여주기도 한다. 예를 들어 당신 혀에 있는 미뢰는 부드러운 초콜릿 케이크의 달콤한 한 조각에 이끌리지만, 당신은 방금 아침식사를 마쳤기 때문에 사양한다. 이럴 때면 충동적인 도마뱀의 뇌와 감정적 변연계가 당신을 케이크가 있는 쪽으로 밀어내지만 이내 이성적인 신피질이 끼어들어 이들을 굴복시켰다고 쉽게 믿게 된다.

하지만 인간의 뇌는 그런 식으로 작동하지 않는다. 나쁜 행동은 내면의 고삐 풀린 고대 야수에게서 나오지 않는다. 좋은 행동도 이성의 결과물이 아니다. 그리고 이성과 감정은 서로 전쟁을 벌이지도 않으며, 심지어 이 둘이 뇌의 각각 다른 부분에 살지도 않는다.

뇌가 3층으로 이루어져 있다는 가설은 여러 해에 걸쳐 몇몇 과학자가 제기했는데, 20세기 중반 내과 의사 폴 매클린 Paul MacLean이 공식화했다. 매클린은 뇌가 플라톤의 전쟁 이야기와 같은 구조로 생겼을 거라고 상상했다. 그리고 당시 손에 넣을 수 있는 최고의 기술이었던 외관 검사를 통해 이 가설을 확인했다. 죽은 도마뱀과 포유류, 인간의 뇌를 현미경으로 두루 관찰해 단지 눈으로만 이들 간의 비슷한 점과 다른 점을 식별해낸 것이다.

매클린은 다른 포유류의 뇌가 갖지 않는 새로운 부분들을 인간의 뇌가 가지고 있다고 결론 내리고는 이 부분을 신피질이라 불렀다. 또한 파충류의 뇌가 갖고 있지 않은 일련의 부분들을 포유류의 뇌가 가지고 있다고 결론 내리고 이를 변연계라 불렀다. 자, 이렇게 해서 마침내 인간 기원의 이야기가

**이토록 뜻밖의 뇌과학**

탄생했다.

매클린의 삼위일체의 뇌 가설은 과학계의 일부 영역에서 호응을 얻었다. 그의 추정은 간결하고 우아했으며 인간 이성의 진화에 대한 찰스 다윈Charles Darwin의 생각과도 일맥상통하는 것처럼 보였다. 다윈은 저서 《인간의 유래The Descent of Man》에서 인간의 마음은 몸과 함께 진화했으며 우리 모두에게는 오래된 내면의 야수가 살고 있어서 합리적 생각으로 길들이고 있다고 주장했다.

천문학자 칼 세이건Carl Sagan은 1977년에 출간한 저서 《에덴의 용The Dragons of Eden》을 통해 삼위일체의 뇌라는 개념을 일반 대중들에게 널리 알렸다. 그는 이 책으로 퓰리처상을 받기도 했다. 오늘날 일반인을 위한 과학책이나 신문, 잡지 기사들을 보면 도마뱀 뇌라든가 변연계 같은 용어들이 마구잡이로 쓰인다. 이 책을 쓰고 있는 동안에도 나는 동네 슈퍼마켓에서 팔고 있는 《하버드비즈니스리뷰》특별판에서 〈고객의 도마뱀 뇌를 자극해 판매를 증진시키는 법〉이라는 칼럼을 발견했다. 그 옆으로 나란히 진열된 《내셔널지오그래픽》에서는 흔히 '감정의 뇌'라고 일컫는 영역이 뇌 어디를 말하는지 열거해놓고 있었다.

뇌 진화 분야의 전문가들이 이미 '삼위일체의 뇌' 가설이 틀렸음을 보여주는 강력한 증거들을 이미 갖고 있던 때에

《에덴의 용》이 등장했다는 사실은 덜 알려져 있다. 전문가들은 일찍이 신경세포라 불리는 뇌세포들의 분자 구성에서 발견한, 육안으로는 보이지 않는 증거를 확보하고 있었다. 1990년대에 이르러 전문가들은 뇌가 세 겹으로 이루어져 있다는 발상을 완전히 버린다. 더 정교한 방법으로 신경세포를 분석할 수 있게 되면서 이런 발상은 더 이상 살아남을 수 없었다.

매클린이 연구하던 시절 과학자들은 뇌에 염료를 주사하고 종잇장처럼 얇은 고기가 되도록 썬 뒤, 착색된 조각을 실눈을 뜬 채 현미경으로 들여다보며 이 뇌와 저 뇌를 비교했다. 오늘날 뇌 진화를 연구하는 신경과학자들도 이 작업을 하지만 신경세포 내부를 자세히 들여다보고 그 안의 유전자를 조사할 수 있는 새로운 방법들도 사용한다. 과학자들은 종種이 다른 두 동물의 신경세포들이 매우 달라 '보일' 수 있지만 '여전히 같은 유전자들을 보유'하고 있다는 사실을 발견했고, 이 신경세포들이 같은 진화적 기원을 갖는다고 설명했다. 예를 들어 인간과 쥐의 특정 신경세포에서 동일한 유전자들을 발견한다면, 그 유전자를 가진 유사한 신경세포들이 인간과 쥐의 마지막 공통 조상common ancestor에게 있었을 가능성이 높다.[12]

이러한 방법들을 사용해 과학자들은 진화가 마치 퇴적암

의 지층처럼 뇌에 층을 쌓아온 것이 아니라는 사실을 알게 되었다. 하지만 인간의 뇌는 쥐의 뇌와 명백히 다르다. 층을 쌓아온 방식이 아니라면 우리 뇌는 정확히 어떤 방식으로 달라졌을까?

뇌는 진화의 시간을 거치는 동안 점점 커지면서 재조직되었다[13]는 사실이 밝혀지고 있다.

예를 들어보자. 당신의 뇌에는 네 개의 신경세포 클러스터 또는 뇌 영역이 들어 있다. 이것이 당신이 몸의 움직임을 감지하고 촉각을 만들어내도록 돕는다. 이 뇌 영역들을 통틀어 일차체성감각피질primary somatosensory cortex이라고 한다. 하지만 쥐의 뇌에서 일차체성감각피질은 하나의 영역으로 되어 있어 여기에서 모든 과업을 수행한다. 우리가 매클린처럼 인간과 쥐의 뇌를 간단히 눈으로만 들여다본다면 인간의 뇌에서 발견된 체성감각 영역 중 세 개가 쥐에게는 없다고 믿기에 이를 것이다. 그리하여 이 세 영역은 인간에게서만 새로 진화된 것이며 인간 특유의 기능들이 이 영역에 들어 있으리라고 결론 내릴 것이다.

하지만 과학자들은 우리의 네 개 영역과 쥐의 한 개 영역에 같은 유전자들이 다수 포함되어 있다는 사실을 발견해냈다. 이 한 토막의 발견이 진화에 관해 무언가를 암시해준다. 바로 지금으로부터 약 6,600만 년 전에 살았던 인간과 설치류의 마지막 공통 조상은 오늘날 우리 뇌의 네 개 영역이 담당하는 기능들을 수행하는 하나의 체성감각 영역을 가졌으리라는 것이다. 우리 조상들의 뇌와 몸이 더 크게 진화함에 따라 그 하나의 영역이 확장되어 그때까지 맡았던 책임들을 재분배하기 위해 세분화되었을 것이다. 뇌 영역들의 재배치, 곧 영역 간 분리와 통합[14]을 통해 더 복잡한 뇌가 만들어졌고, 이로써 더 크고 복잡해진 신체를 제어할 수 있게 되었다.

다른 종의 뇌들을 비교해 유사점을 찾아내는 작업은 쉬운 일이 아니다. 진화의 경로는 일직선이 아니며 종잡을 수 없기 때문이다. 게다가 보이는 것이 다가 아닐 때가 있다. 육안으로는 달라 보이는 부분들이 유전자상으로는 비슷한 것일 수 있고, 유전자상으로는 다른 것들이 매우 비슷해 보일 수 있다. 그리고 심지어 다른 동물 두 종의 뇌에서 같은 유전자를 찾아내더라도 이 유전자들은 서로 다른 기능을 할 수 있다.

분자유전학의 최신 연구들 덕분에 우리는 파충류와 포유류 동물들이 인간과 같은 종류의 신경세포들을 갖고 있다[15]는 사실을 알게 되었다. 심지어 그 전설적인 인간의 신피질을 만들어낸 신경세포까지 포함해서 말이다. 인간의 뇌는 파충류의 뇌에다 감정을 담당하는 부분과 이성을 담당하는 부분이 진화해 덧붙여지는 방식으로 생겨나지 않았다. 그보다는 훨씬 더 흥미로운 일들이 일어났다.

이토록 뜻밖의 뇌과학

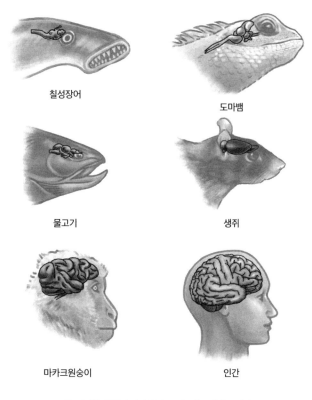

**그림 4** | 많은 동물의 뇌가 육안으로는 매우 달라 보인다.

과학자들은 최근 모든 포유류의 뇌가 단 하나의 제조계획 manufacturing plan에 따라 만들어졌으며, 파충류와 다른 척추동물들도 같은 계획대로 만들어졌을 가능성이 크다는 사실을 발견했다. 신경과학자들을 포함해 많은 사람이 아직은 이러한 연구에 관해 알지 못한다. 아는 사람이라 해도 이러한 발견이 무엇을 뜻하는지 이제 막 생각하기 시작했을 뿐이다.

이 공통된 뇌 제조계획brain-manufacturing plan[16]은 난자가 수정된 직후, 배아가 신경세포를 만들어내기 시작할 때부터 돌아간다. 포유류의 뇌를 형성하는 신경세포들은 놀라울 정도로 예측 가능한 순서대로 만들어진다. 이 순서는 생쥐, 쥐, 개, 고양이, 말, 개미핥기, 인간, 그리고 지금까지 연구한 모든 종류의 포유류 동물에게서 똑같이 발견된다. 그리고 유전학적 증거들은 이러한 순서가 파충류와 조류, 그리고 일부 어류에게도 나타남을 강력히 시사한다. 그렇다. 과학적 지식에 따르는 한 당신은 다른 물고기의 피를 빨아먹으며 살아가는 칠성장어와 똑같은 뇌 제조계획을 갖고 있다.

그토록 많은 척추동물의 뇌가 같은 순서로 발달한다면 왜 이 뇌들은 제각각 달라 보이는 것일까? 그 이유는 만들어지는 프로세스가 단계적으로 이루어지며, 종별로 각 단계를 지속하는 기간이 짧거나 길기 때문이다. 생물학적 구성요소들은 똑같다. 차이가 나는 것은 오직 시간이다. 예를 들어 대뇌피질을 구성하는 신경세포들이 만들어지는 단계는 인간보다 설치류가 짧고, 도마뱀은 이보다 훨씬 더 짧다. 그래서 우리의 대뇌피질은 크고 생쥐의 것은 작으며, 이구아나의 것은 훨씬 더 작거나 없는 것이다(이구아나에게 대뇌피질이 아주 작은지 또는 없는지에 관해서는 논란의 여지가 있다). 만약 당신이 마법을 써서 도마뱀의 배아에 들어가 뇌를 형성하는 신경세포를 만드는 기간을 인간 정도만큼 늘릴 수 있다면 그 도마뱀은 인간의 대뇌피질 비슷한 것을 만들어낼 것이다(물론 인간의 뇌와 같은 기능을 하지는 못할 것이다. 뇌의 기능을 좌우하는 것이 크기가 전부는 아니니 말이다).

그래서 인간의 뇌에 새로운 부분이란 없다.[17] 우리 뇌에 있는 신경세포들은 다른 포유류의 뇌에도 들어 있으며, 다른 척추동물에서도 찾아낼 수 있다. 이러한 발견으로 삼위일체의 뇌 가설의 진화적 토대는 흔들린다.

이 가설의 다른 부분, 곧 인간의 뇌에 비범하게 커다란 대뇌피질이 있어서 우리가 가장 이성적인 동물이 된다는 이야기는 어떠한가? 글쎄, 우리의 대뇌피질이 큰 것도 맞고 진화의 시간을 거쳐오면서 점점 더 커진 것도 맞다. 그래서 우리가 다른 동물들에 비해 어떤 일을 좀 더 잘할 수 있는 것은 사실이다. 이에 대해서는 뒤에서 더 다룰 것이다. 하지만 여기서 진짜 제기해야 할 질문은 이것이다. 인간의 대뇌피질이 뇌의 다른 부분에 비해 상대적으로 정말 더 커졌나? 좀 더 과학적으로 의미 있게 묻자면 이렇게 말할 수 있다. 우리의 대뇌피질이 뇌 전체 크기에 비해 이례적으로 큰 것일까?

왜 이것이 더 나은 질문인지 이해하기 위해 한 가지 비유를 들어보겠다. 당신이 사람들의 집을 방문하면서 본 여러 주방의 형태를 잠시 떠올려보라. 어떤 주방은 크고 어떤 주방은 작다. 당신이 어마어마하게 큰 주방 안에 있다고 상상해보라. 당신은 생각할 것이다. 와우, 이 집 사람은 요리를 즐기나 봐. 이것이 합리적인 결론인가? 아니다. 주방 크기만 보고 그렇게 말할 수는 없다. 당신은 집 전체 크기에 비해 주방이 어떤지 고려해야 한다. 큰 집에 큰 주방이 있다면 특별한 일이 아니다. 전형적인 집 설계도를 그냥 확대한 것이니 말이다. 하지만 작은 집에 엄청 커다란 주방이 있다면 집주인이 전문 요리사거나 뭔가 특별한 이유가 있을 가능성이 매우 높다.

같은 원리가 뇌에도 적용된다. 커다란 뇌에 비례해서 커다란 대뇌피질을 갖고 있다는 것은 특별할 게 없다. 사실상 이것이 정확히 우리 인간이 가진 것이다. 모든 포유류는 신체 크기에 비해 비교적 커다란 뇌를 가졌으며, 대뇌피질 역시 뇌에 비해 비교적 커다랗다. 우리의 대뇌피질은 상대적으로 뇌가 작은 원숭이, 침팬지, 그리고 다양한 육식동물에게서 발견되는 상대적으로 작은 대뇌피질의 확대 버전에 지나지 않는다. 또한 코끼리나 고래의 더 커다란 뇌에서 발견되는 더 커다란 대뇌피질의 축소 버전이기도 하다. 만약 원숭이의 뇌가 인간의 뇌만큼 크게 자랄 수 있다면 그 대뇌피질의 크기 또한 우리의 것과 같아질 것이다. 코끼리는 우리보다 대뇌피질의 크기가 훨씬 크다. 하지만 인간이 코끼리 크기가 된다면 인간의 뇌도 마찬가지로 커질 것이다.

따라서 우리 대뇌피질의 크기는 진화적으로 새로운 것이 아니며, 여기에는 어떤 특별한 설명도 필요하지 않다. 대뇌피질의 크기는 또한 얼마나 이성적인 종인가에 관해 아무것도 이야기해주지 않는다(만약 대뇌피질의 크기로 이성적 능력이 결정된다면 세상에서 가장 위대한 철학자들은 코끼리인 덤보, 호튼, 바바일 것이다). 서구의 과학자와 지식인들은 '커다랗고 이성적인 대뇌피질'이라는 개념을 만들어내고는 오랜 세월 동안 그 개념을 유지해왔다. 하지만 진짜 이야기는 이렇다. 진화과정에서 뇌의 발달 단계 중 어떤 것은 더 길게, 어떤 것은 더 짧게 지속되도록 특정 유전자들이 변형되었으며, 이것이 뇌 안에서 상대적으로 크거나 작은 부분들을 만들어낸다.

그러니 당신에게는 도마뱀 뇌도 감정적인 야수의 뇌도 없다. 감정만 전담하는 변연계 같은 것도 없다.[18] 그리고 이름부터가 잘못 붙여진 신피질은 새로 나타난 부분도 아니다. 많은 척추동물이 동일한 신경세포들을 발달시켰으며, 몇몇 동물의 경우 결정적 단계가 충분히 오래 지속되면서 이 세포들이 대뇌피질을 형성하는 것이다. 인간의 신피질, 대뇌피질, 또는 전전두피질이 이성rationality의 근원이라고 선언한다든가, 전두엽이 비이성적인 행동을 억제하기 위해 이른바 감정적인 뇌 영역을 조절한다는 이야기에 관해 당신이 읽거나 들은 모든 것은 시대착오적이거나 한심할 정도로 정확하지 못하다. 삼위일체의 뇌라는 발상과 감정 및 충동과 이성 간의 싸움에 관한 서사는 현대의 신화, 근거 없는 통념이라 할 수 있다.**19**

분명히 해두는데, 나는 우리의 큰 뇌에 이점이 전혀 없다고 말하는 것이 아니다. (어떤 이점이 있을까? 이 질문에 대한 답은 앞으로 이어지는 장들에서 밝혀진다.) 인간이 고층 빌딩을 건설하고 프렌치프라이를 만들어내는 유일한 동물이라는 것은 사실이다. 하지만 이러한 능력들은 우리의 뇌가 단지 크기 때문에 가능한 것은 아니다. 이에 관해서도 곧 살펴볼 것이다. 더욱이 다른 동물들도 의미 있는 방식으로 인간을 능가하는 능력들을 진화시켜왔다. 우리는 날 수 있는 날개가 없다. 우리는 자기 체중보다 50배 무거운 것을 들어올리지 못한다. 우리는 절단된 신체 부위를 재생시킬 수 없다. 이러한 능력들은 우리에게 초인적인 힘으로 여겨지지만, 작은 생물들은 늘 해오던 일이다. 박테리아조차 당신의 장속이나 우주공간과 같이 혹독하고 낯선 환경에서 살아남는 것 같은 특정 과업들을 우리보다 훨씬 뛰어나게 해낸다.

자연선택은 우리를 향해 진행되지 않았다. 우리는 그저 특정 환경에서 생존하고 번식할 수 있도록 돕는 특정 적응력을 갖춘 흥미로운 동물 한 종에 지나지 않는다.[20] 다른 동물들이 인간보다 열등한 것이 아니다. 동물들은 각자 독특하고 효과적인 방식으로 주변 환경에 적응한다. 당신의 뇌는 쥐나 도마뱀의 뇌보다 더 진화한 것이 아니라 그저 다르게 진화한 것이다.

만약 사실이 그렇다면 왜 삼위일체의 뇌라는 통념은 여전히 인기가 있을까? 왜 대학교재들은 여전히 인간의 뇌에 변연계라는 것이 있으며 대뇌피질이 이것을 조절한다고 설명해놓을까? 뇌 진화 분야의 전문가들이 이런 발상을 수십 년 전에 폐기처분했는데, 왜 지금도 CEO들이 참가하는 고가의 임원 교육 과정에서는 자신의 도마뱀 뇌를 이해하는 법을 가르칠까? 부분적으로 그것은 뇌 진화 분야 전문가들의 홍보 역량이 부실하기 때문이다. 하지만 더 큰 이유는 삼위일체의 뇌 이야기에 자체 응원단이 딸려 있어서다. 이야기는 이렇게 흘러간다. 합리적 사고라는 인간 고유의 능력 덕분에 우리는 동물적 본성을 이겨냈으며 이제 지구를 지배한다. 삼위일체의 뇌를 믿는 것은 인간이 '최고의 종'이라는 1등 트로피를 스스로 수여하는 것이다.

감정 및 본능과 이성이 싸운다는 플라톤의 발상은 인간의 행동에 대해 서구문명이 할 수 있는 최선의 설명이었다. 만약 당신이 자신의 본능과 감정을 적절히 억제한다면 사람들은 당신의 행동이 합리적이며 당신은 책임감 있는 사람이라고 말한다. 당신이 합리적으로 행동하지 않기를 선택한다면 당신의 행동은 비도덕적이라 불릴 것이며, 당신이 합리적으로 행동하는 것이 불가능하다면 당신은 정신질환자로 간주될 것이다.

하지만 과연 무엇이 합리적인 행동인가? 전통적으로는 감정적으로 행동하지 않는 것을 말한다. 생각은 합리적인 것인 데 반해 감정은 비합리적인 것으로 여겨진다. 하지만 꼭 그런 것은 아니다. 당신이 절박한 위험에 처해서 두려움을 느낄 때처럼 감정은 때때로 합리적이다. 그리고 뭔가 중요한 것을 발견할 거라고 스스로 되뇌면서 소셜미디어에 몇 시간씩 빠져 있을 때처럼 생각은 때때로 비합리적이다.

어쩌면 합리성에 관해서는 뇌의 가장 중요한 임무, 곧 우리가 매일 사용하는 수분·염분·포도당, 그리고 그 밖의 신체자원을 관리하는 신체예산의 측면에서 더 잘 정의할 수도 있을 것이다. 이러한 관점에서 합리성이란 당신이 지금 당면한 환경에 잘 대처하기 위해 자원을 쓰거나 비축해두는 것을 의미한다. 예를 들어 당신이 지금 물리적으로 위험한 상황에 빠졌고, 뇌는 당신이 도망갈 준비를 하고 있다고 해보자. 이때 뇌는 신장 맨 위에 자리잡은 부신에게 신속하게 에너지를 공급할 수 있는 호르몬인 코르티솔을 잔뜩 뿜어내라고 지시할 것이다. 삼위일체의 뇌 관점에서 코르티솔의 분출은 본능적인 것이며 합리적인 것이 아니다. 하지만 신체예산의 관점에서 코르티솔의 분출은 합리적이다. 왜냐하면 당신의 뇌는 지금 당신의 생존과 이후 있을지 모르는 잠재적 자손의 존재에게 확실한 투자를 하고 있기 때문이다.

위험이 없는데도 당신의 몸이 도망갈 준비를 했다면 그건 비합리적인 행동일까? 그에 대한 답은 아마 상황마다 다를 것이다. 당신이 지속적으로 위험이 존재하는 전쟁터에 나가 있는 군인이라면 뇌가 빈번하게 위협을 예측하는 것은 적합하다. 때때로 위험하지 않은 상황에서 예측을 잘못해서 코르티솔을 뿜어냈다면 나중을 위해 비축해놔야 할 자원을 불필요하게 써버렸으니 비합리적인 행동이라고 할 수도 있다. 하지만 신체예산의 관점에서 보면 전쟁터에서의 이러한 거짓 경보는 합리적일 수 있다. 그 순간 포도당 조금과 몇몇 자원을 낭비했을 수 있지만 장기적으로는 생존 가능성을 높였기 때문이다.

외상후스트레스장애PTSD처럼 전쟁터에서 나와 안전한 환경으로 복귀했는데도 뇌가 거짓경보를 계속해서 울린다면? 이 경우마저 합리적이라고 볼 수 있다. 잦은 인출로 인해 당신의 신체예산이 소모된다 하더라도 뇌는 현재 존재한다고 믿는 위협으로부터 당신을 보호하고 있다. 문제는 당신 뇌의 믿음이다. 믿음은 새로운 환경에 잘 맞추지 못한다. 당신의 뇌가 아직 조정하지 못한 것이다. 따라서 우리가 정신질환이라고 부르는 것은 단기적으로는 합리적 신체예산 운용이 될 수 있는 한편으로 눈앞의 환경이나 다른 사람들의 욕구, 또는 향후 자신의 최선의 이익과 일치하지 않을 수 있다.

따라서 합리적 행동이란 주어진 상황에서 신체예산을 잘 투자하는 것을 뜻한다. 운동을 격렬히 하면 혈류에 코르티솔이 다량 흘러들어오면서 불쾌함을 느낄 수 있지만 미래 건강에 도움이 되기 때문에 합리적이라 여긴다. 동료로부터 비판을 받을 때 급증하는 코르티솔도 합리적이라 할 수 있다. 왜냐하면 코르티솔이 더 많은 포도당을 만들어내어 당신이 새로운 것을 배울 수 있도록 해주기 때문이다.

이런 생각들을 진지하게 받아들인다면 우리 사회의 온갖 신성한 제도의 근간을 흔들 수 있다. 예를 들어 법률 분야를 살펴보자. 변호사는 자기 고객이 흥분해서 이성이 감정에 압도당해 괴로운 상황이었기 때문에 그들의 행위를 전적으로 비난하기는 어렵다고 주장한다. 하지만 괴로움을 느꼈다고 해서 그것이 비이성적이 되었다거나 이른바 감정적 뇌가 이성적 뇌를 장악했다는 증거가 되지는 않는다. 오히려 괴로움은 당신의 뇌 전체가 예상되는 보상을 위해 자원을 소비하고 있다는 증거로 볼 수 있다.

'마음속에서 전쟁을 벌이고 있다'는 발상은 이외에도 많은 사회제도에 깊이 스며들어 있다. 경제 분야에서 투자자 행동 모델은 합리성과 감정을 뚜렷하게 구분한다. 정치권에는 현재 감독하는 산업 분야에 과거 로비 전적이 있는 등 이해충돌 문제가 뚜렷한 지도자들이 있는데, 이들은 자신이 쉽게 감정에 휘둘리지 않고 국민을 위해 합리적인 결정을 내릴 수 있다고 믿는다. 이러한 오만한 생각들 밑에 바로 '삼위일체의 뇌'라는 허구가 도사리고 있다.

당신의 뇌는 세 개가 아니라 하나다. 플라톤이 말한 내면의 전투를 넘어 나아가려면 우리는 합리적이라는 것이 무엇을 뜻하는지, 자기 행동에 책임을 진다는 것이 무슨 의미인지, 심지어 인간이 된다는 것이 무엇을 의미하는지 근본적으로 다시 생각해볼 필요가 있다.

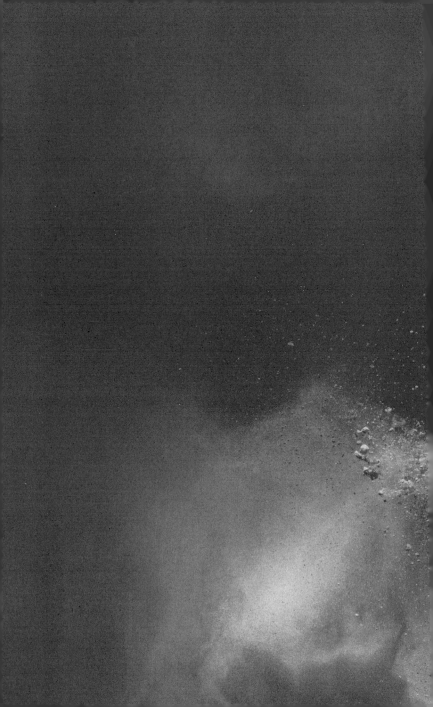

# 뇌는 '네트워크'다[21]

2 강

뇌는 어떻게 방대한 정보를 순식간에 통합해 인간의 마음을 만들까? 뇌는 신경세포 그 이상이며, 뇌 네트워크는 놀랍게도 당신의 장까지 확장된다. 뇌 네트워크는 비유가 아니라 오늘날 뇌에 관해 제시할 수 있는 최선의 과학적 설명이다.

지구라는 행성에 사는 뇌들은 수천 년 동안 뇌에 관해 숙고해왔다. 아리스토텔레스는 뇌가 심장을 위한 냉각실이라 믿었다. 뇌를 자동차 라디에이터 같은 것으로 여긴 것이다. 중세시대 철학자들은 뇌 안에 인간의 영혼이 거주한다고 주장했다. 19세기에 유행한 골상학에서는 뇌를 직소퍼즐로 묘사하면서 뇌 조각 하나하나가 자존감, 파괴성, 사랑처럼 각기 다른 인간의 특성들을 만들어낸다고 설명했다.

냉각실, 영혼의 집, 직소퍼즐. 이것들은 뇌가 무엇이고 어떻게 작동하는지 이해를 돕기 위해 고안된 비유metaphor다.

오늘날 우리는 뇌에 관한 사실처럼 알려졌지만 실은 그저 비유일 뿐인 것들에 둘러싸여 있다. 당신이 만약 왼쪽 뇌가 논리적이고 오른쪽 뇌가 창의적이라는 말을 들어왔다면, 그것은 비유다. 심리학자 대니얼 카너먼Daniel Kahneman이 《생각에 관한 생각Thinking, Fast and Slow》이라는 책에서 얘기한 개념 역시 마찬가지다. 그는 우리 뇌에 빠르고 본능적인 반응을 위한 '시스템 1System 1'과 좀 더 천천히 이루어지는 사려 깊은 프로세스인 '시스템 2System 2'가 있다는 개념을 제시했는데, 이 역시 비유에 해당한다. (카너먼은 시스템 1과 시스템 2가 마음에 관한 비유임을 분명히 했다. 하지만 이것은 종종 뇌 구조처럼 오인되곤 한다.) 어떤 과학자는 인간의 마음을 두려움, 공감, 질투 그리고 생존을 위해 진화한 심리적 도구들을 모아놓은 일련의 '정신 기관들mental organs'로 묘사하기도 하지만 뇌는 그런 식으로 조직되어 있지 않다. 우리 뇌는 또한 어떤 부분은 켜져 있고 다른 부분은 꺼져 있는 식으로 활성화되면서 '빛나는 것'이 아니다. 나중에 검색하고 열 수 있는 컴퓨터 파일처럼 기억을 '저장'하는 것도 아니다. 이러한 발상들은 모두 지금은 구식이 되어버린, 뇌에 대한 과거의 믿음에서 비롯된 비유다.

진짜 뇌가 이런 비유가 이야기하는 것처럼 작동하지도 않고 삼위일체의 뇌도 근거 없는 신화에 불과하다면, 우리는 실제로 어떤 뇌를 갖고 있어서 우리를 우리와 같은 종류의 동물로 만드는 것일까? 어떤 뇌가 우리에게 협력하는 능력, 언어능력, 타인의 생각이나 느낌을 추측할 수 있는 능력을 제공하는 것일까? 인간의 마음을 만들기 위해서는 어떤 뇌가 필요할까?

이러한 질문들에 대한 대답은 중요한 통찰에서 시작된다. 당신의 뇌는 하나의 신경망, 곧 네트워크다. 하나의 단위로 작동하도록 연결된 부분들의 모음이라 할 수 있다. 당신은 물론 우리를 둘러싼 다른 네트워크에 대해 잘 알 것이다. 인터넷은 디바이스들을 연결한 네트워크다. 개미집은 터널로 연결된 지하 공간들의 네트워크다. 소셜네트워크는 연결된 사람들의 모임이다. 뇌로 말하자면 1,280억 개의 신경세포가 하나의 거대하고 유연한 구조로 연결된 네트워크[22]다.

뇌 네트워크brain network라는 말은 비유가 아니다.[23] 뇌가 어떻게 진화했는지, 뇌가 어떤 구조를 이루고 있으며 어떻게 기능하는지에 관해 지금까지 이루어진 연구 중 최선의 과학 연구에서 비롯된 설명이다. 그리고 앞으로 보겠지만 이러한 네트워크 구조는 우리 뇌가 마음을 어떻게 만들어내는지 이해하는 데 한 걸음 더 가까이 다가가게 해줄 것이다.

1,280억 개의 개별 신경세포가 어떻게 하나의 뇌 네트워크가 될 수 있을까? 일반적으로 말하면 신경세포는 작은 나무처럼 생겼다.[24] 맨 위에 덤불처럼 무성한 가지, 그리고 긴 줄기, 아래쪽에 뿌리를 갖춘 작은 나무 말이다. (그렇다, 나는 지금 비유를 사용하고 있다!) 수상돌기dendrite라고 불리는 무성한 가지들은 다른 신경세포들로부터 신호를 받고, 축삭axon이라 불리는 줄기는 그 뿌리들을 통해 다른 신경세포에게 신호를 보낸다.

1,280억 개의 신경세포는 밤낮으로 쉬지 않고 서로 통신

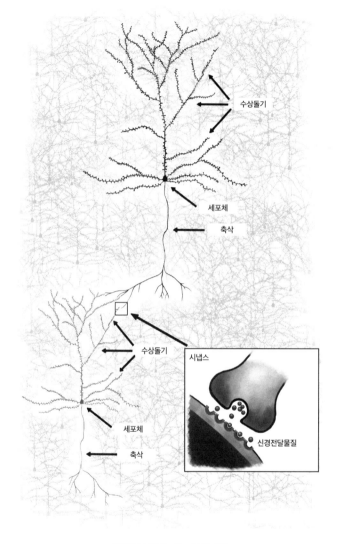

**그림 5** | 신경세포와 그들의 배선

한다. 하나의 신경세포가 발화fire하면 전기신호가 줄기를 타고 뿌리까지 내려간다. 이 신호는 뿌리에게 시냅스synapse라고 불리는 신경세포 간의 틈새로 화학물질을 방출하도록 한다. 화학물질은 시냅스를 건너가서 나뭇가지처럼 생긴 다른 신경세포 윗부분에 달라붙는다. 그러면 그 신경세포도 발화하는데, 이로써 한 신경세포가 다른 신경세포에 정보를 전달하는 임무를 마친다.

수상돌기와 축삭, 시냅스는 이렇게 배치되어 1,280억 개의 개별 신경세포를 하나의 네트워크로 묶는다. 좀 더 간단히 설명하기 위해 나는 이 배치 전체를 뇌의 '배선wiring'이라고 부를 것이다.[25]

우리의 뇌 네트워크는 항상 켜져 있다. 신경세포들은 결코 가만히 앉아서 외부세계의 뭔가가 자신들을 켜주기를 기다리지 않는다. 모든 신경세포는 배선을 통해 서로 끊임없이 수다를 떤다. 그들의 의사소통이 외부세계나 당신의 몸에서 어떤 일이 일어나는지에 따라 더 강해지거나 약해질 수는 있지만, 이 의사소통은 당신이 죽을 때까지 멈추지 않는다.

뇌에서 일어나는 의사소통은 속도와 비용 사이에서 균형을 잡는 행위다. 각 신경세포는 수천 개의 다른 신경세포에 직접 정보를 전달하고 수천 개의 다른 신경세포로부터 정보를 받으면서 500조 개가 넘는 신경세포와 신경세포 간에 연결을 만들어낸다. 정말 엄청난 수다. 하지만 이런 연결 없이 모든 신경세포가 네트워크의 다른 신경세포 하나하나에게 직접 말을 걸어야 한다면 연결의 수는 이보다 훨씬 더 커질 것이다. 그런 구조는 더 많은 연결이 필요하므로 우리 뇌를 유지하는 데 필요한 자원을 소진해버릴 것이다.

그래서 우리에게는 전 세계 항공여행 시스템과 같은 좀 더 알뜰한 배선 배치가 있다. (그렇다, 나는 여기서 또 하나의 비유를 들고 있다.) 항공여행 시스템은 전 세계 공항 약 17,000개를 연결한 네트워크다. 우리 뇌가 전기적 신호와 화학적 신호를 실어 나른다면, 이 네트워크는 승객들을 (그리고 잘하면 수화물까지) 실어 나른다. 각 공항은 다른 모든 공항으로 비행기를 보내는 것이 아니라 일부 공항으로만 직항편을 운항한다. 모든 공항에 비행기를 보내야 한다면 항공 교통량은 1년에 수십억 회가 늘어나 연료와 조종사, 활주로 부족으로 결국 전체 시스템이 무너지고 말 것이다. 그래서 일부 공항이 허브 역할을 해서 나머지 공항의 부담을 덜어준다. 예를 들어 네브래스카의 링컨에서 이탈리아 로마로 가야 한다면 직항편이 없으므로 먼저 링컨에서 뉴저지의 뉴어크국제공항과 같은 허브로 비행한 다음, 거기서 로마로 가는 두 번째 장거리 항공편을 타야 한다. 허브 두 개를 거쳐 세 차례 비행을 할 수도 있다. 허브 시스템은 유연하고 확장 가능하며 세계 여행의 중추를 형성한다. 그리하여 모든 공항이 현지 항공편에 중점을 두면서도 전 세계로 연결될 수 있도록 해준다.

우리 뇌 네트워크도 거의 이와 같은 방식으로 짜여 있다. 신경세포는 공항들처럼 클러스터로 묶인다. 공항에서처럼 클러스터 내부 및 외부 연결의 대부분이 로컬이므로, 클러스터는 대부분 로컬 트래픽을 처리한다. 그런데 여기에 그치지 않고 일부 클러스터는 통신을 위한 허브 역할을 한다. 이 클러스터들은 여러 다른 클러스터와 빽빽하게 연결되어 있어서 이들 중 몇몇 축삭은 뇌를 멀리 가로질러 장거리를 연결하는 역할을 한다. 공항 허브처럼 두뇌 허브가 복잡한 시스템을 효율적으로 만드는 것이다. 이들 덕분에 거의 모든 신경세포가 국지적으로 집중하면서도 뇌 전반에 걸친 활동에 참여할 수 있다. 이러한 두뇌 허브는 뇌 전체에서 일어나는 의사소통의 중추다.

허브는 가장 중요한 기반 시설이다. 뉴어크국제공항이나 런던의 히드로공항과 같은 주요 공항 허브가 무너지면 전 세계적으로 항공편이 지연되거나 취소되는 등 파급 효과가 일어난다. 그러니 뇌 허브에 문제가 생겼을 때 어떤 일이 일어날지 한번 상상해보라. 뇌 허브가 손상되면 우울증, 조현병, 난독증, 만성 통증, 알츠하이머병, 파킨슨병 등 여러 장애가

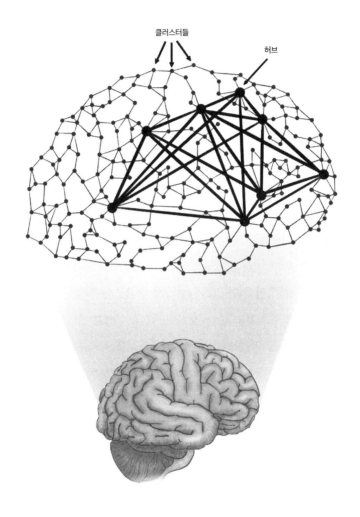

클러스터들

허브

**그림 6.** | 허브로 연결된 신경세포 클러스터들

생길 수 있다. 허브는 신체예산을 고갈시키지 않으면서 뇌가 작동되도록 하는 효율성의 기점이기 때문에 반대로 취약성의 기점이 되기도 한다.

이 간결하고 강력한 허브 구조를 물려받은 우리는 자연선택에 고마워할 만하다. 과학자들은 신경세포가 진화의 시대를 거치면서 이런 종류의 네트워크로 조직된 이유는 이런 네트워크가 에너지 효율이 높고 두개골 안에 쏙 들어갈 만큼 작으면서도 강력하고 빠르기 때문이라고 추측한다.

우리의 뇌 네트워크는 정지해 있지 않고 지속적으로 변화한다. 어떤 변화는 매우 빠르게 일어난다. 뇌의 배선은 신경세포 간 국지적 연결을 완성하는 화학물질에 푹 잠겨 있다. 글루타메이트glutamate, 세로토닌serotonin, 도파민dopamine을 비롯한 이런 화학물질을 신경전달물질neurotransmitter이라고 한다. 이 물질들은 신호가 시냅스를 건너가는 것을 더 쉽게 하거나 어렵게 만든다. 그것들은 말하자면 공항 직원들과도 같다. 항공권 판매원, 보안검색 담당자, 지상 승무원들은 공항 내에서 승객의 이동을 더 빨리 또는 더 늦게 이루어지게 할 수 있으며 이들 없이는 여행이 불가능하다. 이러한 뇌 네트워크의 변화는 즉각적이고 지속적으로 일어난다. 물리적인 뇌 구조는 하나도 달라지지 않는 것처럼 보이더라도 말이다. 또한 세로토닌이나 도파민 같은 일부 화학물질은 다른 신경전달물질에 작용해 그 효과를 높이거나 낮출 수 있다. 이런 식으로 작용하는 뇌 화학물질을 신경조절물질neuromodulator이라고 한다. 이들은 공항 인근의 날씨와 비슷하다. 날씨가 맑으면 비행기가 빠르게 날아간다. 폭풍우가 몰아치면 비행기가 뜨지 못하거나 경로가 변경된다. 신경조절물질과 신경전달물질 덕분에 하나의 뇌 구조는 어마어마하게 다양한 활동 패턴을 만들어낸다.

한편 상대적으로 변화가 느린 네트워크도 있다. 공항이 터미널을 짓거나 개조하는 것처럼 우리 뇌는 끊임없이 공사 중이다. 뇌의 어떤 부분들에서는 신경세포가 죽고 태어난다. 연결은 수없이 많아지며, 신경세포들이 함께 발화할 때에는 더 강해지고 그러지 않으면 연결은 약화된다. 이러한 변화는 과학자들이 말하는 '가소성plasticity'의 한 예로, 우리가 살아있는 한 평생에 걸쳐 일어난다. 새로운 친구의 이름이나 뉴스에서 나온 흥미로운 사실 등 당신이 무언가를 배울 때마다 이 경험이 배선에 부호화encoding되면서 당신이 기억할 수 있게 된다. 그리고 이러한 부호화가 오랜 시간에 걸쳐 이루어지면 배선을 변화시키기도 한다.

네트워크는 또한 다른 방식으로도 동적이다. 신경세포가 대화 상대를 변경하면 같은 신경세포가 다른 역할을 수행할 수 있다. 예를 들어 당신의 시각능력은 후두피질occipital cortex

이라는 영역과 직접적으로 연관되어 있어서 이 영역을 흔히 시각피질visual cortex이라 부르는데,[26] 이곳의 신경세포들은 청각 및 촉각과 관련된 정보들을 실어 나르기도 한다. 사실 일반적인 시력을 가진 사람들에게 며칠 동안 눈을 가리고 점자 읽는 법을 가르치면[27] 시각피질의 신경세포가 촉각에 더 집중하게 된다. 눈가리개를 제거하고 24시간이 지나면 그 효과는 사라진다. 마찬가지로 아기가 선천적으로 심한 백내장을 가지고 태어나서 뇌가 시각정보를 입력받지 못하면 시각피질의 신경세포는 다른 감각을 위해 용도가 변경된다.

어떤 신경세포들은 매우 유연하게 연결되어 있어 여러 업무를 관장하는 경우도 있다. 예를 들어 배내측전전두피질 dorsomedial prefrontal cortex이라고 불리는 전전두피질의 유명한 부위가 하나 있다. 이 뇌 영역은 항상 신체예산에 관여하지만, 기억·감정·지각·의사결정·통증·도덕적 판단·상상·언어·공감 등 다른 것들과도 자주 관련된다.

전반적으로 말하자면, 한 신경세포가 다른 기능들이 아닌 특정 기능에 더 기여할 가능성이 있기는 하지만 어떤 신경세포도 하나의 심리적 기능만 갖지는 않는다. 심지어 과학자들이 '시각피질' 또는 '언어 네트워크language network'와 같이 그 기능을 따서 뇌 일부분에 이름 붙인다 하더라도 그 이름은 뇌의 해당 부분이 수행하는 어떤 독점적인 업무가 아니라 그때 그 과학자가 주목하는 것을 반영하는 경향이 있다. 나는 지금 모든 신경세포가 모든 것을 할 수 있다고 말하는 것이 아니다. 하나의 공항이 비행기를 띄우고 항공권을 판매하고 형편없는 음식을 제공할 수 있는 것처럼 모든 신경세포는 '두 가지 이상의 일'을 할 수 있다는 얘기다.

또한 서로 다른 신경세포들의 집단이 동일한 결과를 만들어낼 수 있는 것도 사실이다. 지금 한번 핸드폰이든 초콜릿이든 당신 앞에 있는 무언가를 잡기 위해 손을 뻗어보라. 손을 거두었다가 아까와 똑같은 방식으로 다시 손을 뻗어보라. 이처럼 무언가를 향해 손을 뻗는 간단한 동작도 한 번 할 때마다 다른 신경세포들의 조합에 의해 이루어질 수 있다. 이런 현상을 '축중degeneracy'이라 한다.

과학자들은 모든 생물학적 시스템에 축중이 존재한다고 보고 있다. 예를 들어 유전학에서는 한 가지 눈 색깔이라도 서로 다른 유전자 조합으로 만들어질 수 있다. 우리의 후각도 축중에 의해 작동하며 면역계도 마찬가지다. 운송 시스템에도 축중이 존재한다. 당신이 런던에서 로마까지 비행기를 타고 간다면 두 번째 비행부터는 처음 탔던 비행기와는 다른 항공사, 다른 항공편 또는 다른 비행기 모델이나 다른 좌석에 앉아 다른 승무원과 함께 비행할 수 있다. 부조종사가 조종사 대신 조종할 수도 있다. 뇌에서의 축중이란 당신의 행위와 경험이 다양한 방법으로 만들어질 수 있다는 의미다. 예를 들어 당신이 두려움을 느낄 때마다 뇌는 처음과는 다른 신경세포들의 다양한 조합으로 그러한 느낌을 만들어낼 것이다.

지금까지 우리는 뇌를 네트워크로 이해하는 것이 얼마나 도움이 되는지 살펴보았다. 이러한 관점은 가소성에 따라 일어나는 느린 변화, 신경전달물질 및 신경조절물질에 따른 빠른 변화, 그리고 다양한 작업을 수행하는 신경세포의 유연성 등 뇌의 역동적인 행동에 관해 많은 것을 설명해낼 수 있다.

네트워크 조직에는 또 다른 이점이 있다. 그것은 인간의 마음을 만들어내는 데 핵심이 되는 특별한 속성을 뇌에 제공한다. 이 특성을 '복잡성complexity'이라고 부른다. 복잡성이란 '엄청난 수의 각기 다른 신경 패턴들'로 스스로를 구성해내는 뇌의 능력이다.

일반적으로 복잡한 시스템은 다양한 활동 패턴을 만들어내기 위해 협력하고 조정하는 다수의 상호작용하는 부분으로 구성된다. 전 세계 항공여행 시스템에도 복잡성이 있다. 항공권 판매원, 항공교통관제사, 조종사, 비행기, 지상 승무원 같은 부분들이 상호의존하여 전체 시스템을 작동시키기 때문이다. 복잡한 시스템의 작동은 단순히 부분들의 작동을 합쳐놓은 것 이상이다.

복잡성은 뇌가 모든 상황에서 유연하게 행동하게 해준

**이토록 뜻밖의 뇌과학**

다. 우리가 추상적으로 생각할 수 있고, 풍부한 입말(구어)을 구사하며, 현재와 매우 다른 미래를 상상할 수 있고, 비행기와 현수교, 로봇 청소기를 만들어내는 창의성과 혁신이 가능한 것은 복잡성 덕분이다. 복잡성은 또한 우리 주변의 환경을 넘어서 전 세계, 심지어 우주공간까지 생각할 수 있게 해주고, 다른 동물이 할 수 없는 정도로 과거와 미래에 대해 신경 쓸 수 있도록 도와준다. 복잡성만으로 이러한 능력이 우리에게 주어지는 것은 아니다. 다른 많은 동물도 복잡한 두뇌를 가지고 있으니까. 그러나 복잡성은 이러한 능력의 결정적 요소이며 인간의 뇌는 복잡성을 풍부하게 가지고 있다.

뇌의 경우 복잡성을 구성하는 것은 무엇일까? 신경전달물질과 신경조절물질, 그리고 갖가지 부가기능의 도움을 받아 일제히 다른 특정 신경세포들에게 신호를 쏘아대는 수십억 개의 신경세포를 상상해보라. 그 전체 모습이 뇌 활동의 한 가지 '패턴'이다. 복잡성은 뇌가 이전에 만든 오래된 패턴의 조각과 조각을 조합해 엄청나게 다양한 패턴을 만들어낼 수 있음을 의미한다. 그 결과 뇌가 과거에 도움이 되었던 패턴을 불러들여서 새롭게 시도할 만한 패턴을 만들어냄으로써 우리는 끊임없이 변화하는 상황으로 가득한 세상에서 효율적으로 몸을 운영할 수 있게 되었다.

시스템의 복잡도가 더 높거나 낮다는 것[28]은 시스템 자체를 재배선해서 관리할 수 있는 정보의 양이 얼마나 되는지에 달려 있다. 전 세계 항공여행 시스템은 매우 복잡하다. 승객은 다양한 조합의 항공편을 통해 세계 거의 모든 곳으로 비행할 수 있다. 새 공항이 열리면 시스템은 이를 수용하도록 재배선한다. 토네이도로 공항이 망가진다면 여행은 잠시 방해를 받겠지만 결국 항공사들은 문제를 해결할 것이다.

반대로 복잡성이 낮은 시스템은 자체적으로 재배선할 수 없다. 특정 경로에 하나의 비행편만 배정되어 있거나 모든 비행기가 한 군데 허브만 드나들어야 한다면 항공여행 시스템의 복잡성은 낮아진다. 만약 그 허브에 문제가 생기면 항공여행 시스템은 아무 기능도 하지 못할 것이다.

높은 복잡성과 낮은 복잡성에 관해 알아보기 위해 당신의 뇌보다 덜 복잡한 가상의 인간 두뇌를 두 가지로 상정해보자. 첫 번째 가상의 뇌에는 당신과 마찬가지로 약 1,280억 개의 신경세포가 있지만 모든 신경세포가 다른 모든 신경세포와 연결되어 있다고 해보자. 이때 하나의 신경세포가 발화율firing rate을 변경하라는 신호를 받으면 모든 신경세포가 연결되어 있기에 결국 모두 똑같이 변경될 것이다. 모든 영역의 구조가 매우 획일적인 이러한 뇌를 미트로프 브레인Meatloaf Brain[29]이라고 하자. 기능적으로 말하면 미트로프 브레인은 어느 시점에서든 1,280억 개의 요소가 사실상 하나의 요소에 지나지 않으므로 당신의 뇌보다 복잡성이 낮다.

　두 번째 가상의 뇌에도 신경세포가 1,280억 개 있다고 해보자. 하지만 이 뇌는 19세기 골상학자들이 상상했던 뇌와 마찬가지로 시각, 청각, 후각, 미각, 촉각, 생각, 감정 등에 특화된 기능을 제공하는 퍼즐 조각들로 이루어져 있다. 이 두뇌는 함께 작동하는 특수 도구 모음과 같으므로 주머니칼 브레인Pocketknife Brain[30]이라고 부르자. 주머니칼 브레인은 미트로프 브레인보다는 복잡도가 높지만 당신의 뇌보다는 복잡도가 현저히 낮다. 왜냐하면 각각의 도구는 주머니칼 브레인이 만들어낼 수 있는 모든 패턴의 조합 이상으로 더 보태는 것이 없기 때문이다. 예를 들어 14가지 도구가 달린 실제 주머니칼[31]은 약 16,000개의 패턴(정확하게는 $2^{14}$개)으로 열릴 수 있으며, 여기에 15번째 도구를 추가하면 이 숫자는 단순히 두 배로 늘어난다. 하지만 뇌의 신경세포에는 패턴의 수를 기하급수적으로 증가시키는 여러 가지 기능이 있다. 만약 14개의 도구를 갖춘 주머니칼이 하나 있고, 각 도구에 기능을 하나씩 추가한 경우(예를 들어 칼날을 대충 병따개처럼 사용하거나 드라이버를 사용하여 구멍을 뚫는 등) 총 패턴 수는 약 16,000($2^{14}$)개에서 약 478만($3^{14}$)개로 늘어난다. 다시 말해 기존의 뇌 부분이 더 유연해지면 새로운 부분을 늘리는 것보다 결과적으로 훨씬 더 복잡해진다.

미트로프 브레인과 주머니칼 브레인도 몇 가지 장점이 있을 수 있겠지만 복잡성이 높은 뇌는 둘 다를 능가한다.

복잡성이 높은 뇌는 더 많은 것을 기억할 수 있다. 뇌는 컴퓨터에 파일을 저장하는 식으로 기억을 저장하는 게 아니라 전기와 소용돌이치는 화학물질을 사용해 필요할 때마다 재구성한다. 우리는 이 과정을 '기억remembering'이라고 부르지만 사실은 모아서 '조합assembling'하는 것이다. 복잡한 뇌는 미트로프 브레인이나 주머니칼 브레인보다 더 많은 기억을 모을 수 있다. 그리고 당신이 같은 기억을 불러올 때마다 당신의 뇌에서는 매번 다른 신경세포 덩어리들이 그 기억을 조합해냈을 것이다(이것이 축중이다).

더 복잡한 두뇌는 또한 더 창의적이다. 복잡한 뇌는 과거 경험을 새로운 방식으로 결합해 이전에 한 번도 경험하지 않은 일에도 대처할 수 있다. 예를 들어 당신이 낯선 산이나 계단을 오른다면 과거에 비슷한 것을 올라봤기 때문에 넘어지지 않고 올라갈 수 있다. 복잡한 두뇌는 변화하는 환경이 시시각각 다른 신체예산을 요구하는 것에 더 빨리 적응할 수 있다. 이것은 인간이 수많은 기후와 다양한 사회구조에서 성공적으로 살아갈 수 있는 이유 중 하나다. 당신이 적도 지방에서 북유럽으로 이동해야 하거나 느긋한 문화에서 엄격한 규율을 가진 문화로 이동해야 한다면, 머릿속의 복잡한 뇌를 가지고 더 신속하게 적응할 것이다.

그뿐 아니라 복잡성이 높을수록 뇌가 손상에 더 탄력적으로 대응할 수 있다. 신경세포들의 덩어리 하나가 작동을 멈추면 다른 신경세포 덩어리들이 그 자리를 대신할 수 있기 때문이다. 이것이 자연선택이 복잡한 두뇌를 선호하는 이유 중 하나다. 주머니칼 브레인이라면 이런 능력이 없어서 어떤 신경세포들이 사라지면 그 기능도 잃을 것이다.

인간의 두뇌는 지구상에서 가장 복잡한 두뇌일 수는 있지만 복잡도가 높은 유일한 두뇌는 아니다. 지적 행동은 뇌 구조가 다른 여러 종에서 이미 수차례 나타났다. 복잡한 뇌가 몸 전체에 분포해 있는 문어가 한 예다. 문어는 퍼즐을 풀 수 있고 수족관 수조를 탈출할 수도 있다. 새들도 복잡한 뇌를 가질 수 있다. 어떤 새는 신경세포가 대뇌피질로 조직화되어 있지 않은데도 간단한 도구를 사용할 수 있고 약간의 언어 능력도 있다. 고도로 복잡한 인간의 뇌가 진화의 정점은 아니라는 사실을 잘 기억해두라. 우리 뇌는 다만 우리가 거주하는 환경에 잘 적응했을 뿐이다.

높은 복잡성은 당신을 인간으로 만드는 너무나 많은 것을 위한 전제조건일 수 있지만, 그 자체로 뇌가 인간의 마음을 만들 수 있는 능력을 부여하지는 않는다. 구석기시대의 우리 조상들이 바윗덩어리를 집어 들고 거기서 미래의 손도끼를 상상해내기 위해서는 복잡한 뇌 이상의 것이 필요했다. 마찬가지로 우리가 종이나 금속, 플라스틱과 같이 서로 다른 물질을 보고 그것들이 모두 돈이라는 같은 기능을 갖는 것으로 취급하려면 고도의 복잡성을 넘어서는 것이 필요하다. 익숙하지 않은 계단을 오르는 데는 높은 복잡성이 도움이 되지만, 권력과 영향력을 얻기 위해 사회적 사다리를 오르는 것이 무엇을 뜻하는지 이해하려면 복잡성만으로는 부족하다. 마찬가지로 삼위일체의 뇌, 시스템 1과 시스템 2, 정신 기관처럼 무엇이 인간의 뇌를 만드는지에 관한 많은 창조적 비유를 고안해내는 데에도 높은 복잡성 이상의 것이 있어야 한다. 상상력이라는 이런 재주에는 매우 큰 두뇌에 들어 있는 높은 복잡성과 더불어 다음 장에서 우리가 배울 또 다른 요소들이 요구된다.

앞에서 말했듯 뇌 네트워크는 비유가 아니라 오늘날 뇌에 관해 제시할 수 있는 최선의 과학적 설명이다. 이러한 설명은 방대한 정보를 효율적으로 통합하기 위해 하나의 물리적 구조가 어떻게 순식간에 재배선되는지 생각하게 해준다. 또한 복잡성을 정량화함으로써 다양한 종류의 뇌 사이에 유사점과 차이점을 밝혀준다. 또 뇌가 손상되었을 때 어떻게 스스로 보완해내는지 이해하는 데에도 도움이 된다.

하지만 나 역시 이러한 네트워크를 설명하기 위해 몇 가지 비유를 사용했다. 예를 들어 배선이라는 단어는 비유다. 신경세포가 문자 그대로 서로 연결되어 있지는 않다.[32] 신경세포는 시냅스라고 불리는 작은 틈을 두고 떨어져 있고 화학물질이 이 연결을 완성한다. 또 신경세포는 가지와 줄기를 가진 나무도 아니며, 여러분의 뇌 안에 공항이 있을 리 만무하다.

복잡한 주제를 간단하고 친숙한 용어로 설명하는 데에는 비유가 최고다. 하지만 사람들이 만약 비유를 설명으로 받아들인다면 비유의 단순성은 가장 큰 결점이 될 수 있다. 예를 들어 생물학에서 유전자는 때때로 '청사진blueprint'으로 묘사된다. 이 은유를 문자 그대로 받아들이면 특정 유전자가 어떤 특성이나 특정 신체부위를 만들어내는 것처럼 유전자가 늘 고정된 기능을 한다고 생각하게 될 수 있다(사실은 그렇지 않다). 물리학자들은 때때로 빛이 파도를 이루어 이동한다고 말한다.[33] 이것은 바다처럼 파도가 뚫고 지나가기 위한 어떤 물질들이 공간에도 들어차 있다는 오해를 불러일으킬 수 있다(사실은 그렇지 않다). 비유는 잘못된 지식을 제공할 수 있으니 주의해서 사용해야 한다.

우리 머릿속의 복잡한 네트워크는 비유가 아니지만, 지금 내 설명은 불완전할 수밖에 없다. 당신의 뇌는 단순한 신경세포들 그 이상이다. 뇌에는 내가 아직 얘기하지 않은 혈관들과 다양한 체액이 들어 있다. 또 신경세포와는 종류가 다르며 과학자들이 아직 완전히 이해하지 못한 방식으로 작용하는 신경교세포glial cell라고 불리는 뇌세포도 있다. 놀랍게도 뇌 네트워크는 당신의 장까지도 확장될 수 있다. 과학자들은 신경전달물질을 통해 뇌와 의사소통하는 장내 미생물들을 발견해내기에 이르렀다.

과학자들이 뇌와 그 상호연결에 관해 더 많이 알아낼수록 우리는 뇌의 구조와 기능을 더 잘 설명할 수 있다. 뇌를 복잡한 네트워크로 이해하면 이른바 이성적인 특대형 신피질 같은 것 없이도 우리 뇌가 어떻게 인간의 마음을 만드는지 숙고할 수 있다. 인간의 뇌 진화가 왕관을 받을 만한 최고의 업적을 달성해냈다면, 그때의 업적이란 바로 그 왕관의 복잡성이다.

# 어린 뇌는 스스로
# 세계와 연결한다

3 강

뇌에 관한 한, 우리는 '양육이 필요한 본성'을 지녔다. 우리는 모두 아이들을 어떻게 대하는지가 중요하다는 사실을 안다. 그런데 이제는 수십 년 전에 우리가 알고 있던 것보다 훨씬 더 중요하다는 걸 알아야 한다.

신생 인간보다 더 유능한 신생 동물이 많다[34]는 사실을 알고 있는가? 가터뱀garter snake은 세상에 나오자마자 혼자서 미끄러져 갈 수 있다. 말도 태어난 직후 걸을 수 있으며 영아 침팬지는 어미의 털을 붙들고 매달릴 수 있다. 이에 비하면 인간의 신생아는 참으로 보잘것없다. 갓 태어난 인간 아기는 자기 팔다리도 제어하지 못한다. 자그마한 손으로 손뼉을 치는 데에도 몇 주가 걸린다. 많은 동물이 자신의 몸을 제어하기 위해 더 온전히 연결된 뇌를 가지고 알이나 자궁에서 나오지만, 인간은 뇌에 만들어진 것이 별로 없는 상태에서 태어난다. 인간의 뇌는 약 25년에 걸쳐 주요 배선이 마무리되고 나서야 온전한 구조와 기능을 가진 성인의 뇌가 된다.

왜 우리는 이런 식으로 진화했을까? 왜 우리는 뇌의 일부만 완성된 채 태어날까? (수많은 과학자가 기꺼이 이런저런 추측들을 내놓았지만) 누구도 이에 관해 확실히 알지는 못한다. 우리가 알 수 있는 것은 이러한 배선 방식이 출생 후에는 어디에서 일어나는지, 그리고 이것이 우리에게 가져다주는 이점이 무엇인지 정도다.

학자들은 일반적으로 '본성이냐 양육이냐'의 관점에서 이러한 문제를 논의한다. 인간의 어떤 측면은 출생 전 유전자에 내장되고 어떤 측면은 후천적으로 환경에서 얻은 것인가 하는 식으로 말이다. 그러나 이러한 구분은 착각에 지나지 않는다. 어떤 원인을 유전자나 환경 중 한쪽 탓으로만 돌릴 수는 없다. 왜냐하면 이 두 가지는 격렬하게 탱고를 추는 연인과 같기 때문이다. 이 둘은 서로 너무 깊게 얽혀 있어서 본성이나 양육 같은 별개의 이름으로 불러봐야 소용이 없다.

아기의 유전자는 놀라울 정도로 주변 환경에 따라 이끌리고 조절된다. 예를 들어 시각에 가장 중요하게 관여하는 뇌 영역은 아기의 망막이 정기적으로 빛에 노출되는 경우에만 정상적으로 발달한다. 아기의 뇌는 또한 자신의 귀의 특정 모양에 따라 듣는 법을 배운다. 더 이상한 것은 바깥세계에서 아기의 몸에 몰래 들어오는 몇 가지 유전자가 추가로 필요하다는 사실이다. 박테리아와 그 밖에 작은 생물들 속에 숨어 아기의 몸에 들어오는 이 꼬마 방문객들이 어떻게 뇌에 영향을 끼치는지에 관해서는 과학자들도 이제 막 조금씩 알아내기 시작했다.

아기의 배선 지침은 물리적 환경뿐만 아니라 사회적 환경, 양육자, 당신과 나 같은 사람들에게서도 영향을 받는다.

당신이 갓 태어난 아기를 팔에 안고 있다면 당신은 아기의 뇌가 얼굴을 처리하고 인식하도록 가르치기에 적절한 거리에서 당신의 얼굴을 제시하는 것이다. 아기에게 상자나 건물을 보여준다면, 당신은 아기에게 모서리와 모퉁이를 볼 수 있도록 시각계를 훈련시키는 것이다. 껴안고 이야기하고 중요한 순간에 눈을 맞추는 것과 같은 다양한 사회적 행위들이 아기의 뇌를 필연적이고도 돌이킬 수 없는 방식으로 조각해나간다. 유전자는 아기의 뇌 배선을 구축하는 데 핵심 역할을 하며, 신생아의 뇌 배선이 아기가 속한 문화적 맥락에서 이루어질 수 있도록 문을 열어준다.

정보가 외부세계에서 신생아의 뇌로 이동할 때 일부 신경세포는 그 밖의 다른 신경세포보다 더 빈번하게 함께 발화해 우리가 가소성이라고 부르는 점진적인 뇌 변화를 일으킨다. 이러한 변화는 세부조정tuning과 가지치기pruning라는 두 가지 프로세스를 통해 아기의 두뇌를 더 복잡하게 만든다.

세부조정이란 신경세포와 신경세포 사이의 연결, 특히 자주 사용하거나 신체자원(수분, 염분, 포도당 등)의 예산을 책정하는 데 중요한 연결을 강화하는 것을 뜻한다. 다시 신경세포를 작은 나무에 비유해보면, 세부조정이란 가지 모양의 수상돌기가 더 무성한 덤불이 된다는 것을 의미한다. 또한 이는 전선 피복과 같은 역할을 하는 지방질의 '나무껍질'인 미

**그림 7** | 양육자는 아기의 뇌 배선에 매우 중요한 역할을 한다.

엘린myelin이 줄기 모양의 축삭을 더 두껍게 둘러싸서 신호가 더 빨리 전달되게끔 한다는 뜻이다. 세부조정이 잘된 연결은 그러지 못한 연결보다 정보를 전달하고 처리하는 데 효율적이므로 앞으로 재사용될 가능성이 크다. 이는 뇌가 세부조정이 잘된 연결을 포함하는 특정 신경 패턴을 재현할 가능성이 더 크다는 뜻이다. 신경과학자들은 흔히 이렇게 말한다. "함께 발화하는 신경세포가 함께 연결된다."[35]

한편 덜 사용되는 연결은 약해지고 사라진다. 이것은 '쓰지 않으면 잃어버린다'에 해당하는 신경 가지치기 프로세스다. 작은 인간은 궁극적으로 사용할 것보다 더 많은 연결을 지니고 태어나기 때문에 가지치기는 두뇌가 발달하는 데 매우 중요하다. 인간 배아는 성인의 뇌에 필요한 신경세포의 두 배를 생성하므로 아기의 신경세포들은 성인 뇌에 있는 신경세포들보다 훨씬 더 무성하다. 처음에는 사용하지 않는 연결들도 도움이 된다. 뇌가 다양한 환경에 맞춰 세부조정할 수 있도록 해주기 때문이다. 하지만 장기적으로 보면 사용하지 않는 연결은 신진대사 측면에서 부담이 된다. 가치 있는 것이라곤 하나도 제공하지 않는 연결을 유지하는 것은 에너지 낭비니까. 그래도 좋은 소식이라면 이렇게 불필요한 연결들을 정리하면 학습을 더 많이 할 공간, 다시 말해 더 유용한 연결들을 조정할 여지가 생겨난다는 것이다.

세부조정과 가지치기는 아기 몸이 성장하고 활동량이 많아짐에 따라, 그리고 아기 바깥에 있는 물리적·사회적 세계에 의해 지속적이면서 종종 동시다발적으로 일어난다. 이 두 프로세스는 평생에 걸쳐 이루어진다. 무성한 나뭇가지 같은 수상돌기가 새싹을 계속 돋아내면 뇌는 그것들을 세부조정하고 가지치기한다. 세부조정되지 않은 새싹들은 며칠 내에 사라진다.

신생아의 뇌가 일반적인 성인의 뇌로 발달하도록 이끄는 세부조정과 가지치기의 예를 세 가지만 살펴보자. 이 예들은 우리가 태어난 뒤 몇 달에서 몇 년에 걸쳐 외부에서 온 배선 지침에 따라 미완성 배선이 어떻게 완성되는지 보여준다.

첫 번째로, 당신이 신체예산을 어떻게 운영하는지 보자. 당신은 배가 고프면 냉장고 문을 열 것이다. 피곤하면 자러 갈 것이다. 추우면 겉옷을 입을 것이고, 불안할 때는 신경을 진정시키기 위해 심호흡을 할 것이다. 아기들은 혼자서 이러한 일을 할 수 없다. 심지어 누군가의 도움 없이는 트림조차 할 수 없다.

그래서 양육자가 필요하다. 양육자는 아기를 먹이고, 수면시간을 정하고(또는 그러려고 애쓰고!), 담요와 포옹으로 아기를 감싸면서 아기의 뇌가 신체예산을 조절할 수 있도록 물리적 환경을 만든다. 그렇게 하면 아기의 체내 시스템들이 효율적으로 작동되고 아기는 건강하게 자란다.

양육자가 이러한 활동을 효과적으로 수행하면 아기의 뇌에서는 신체예산을 건전하게 편성할 수 있도록 세부조정과 가지치기가 활발히 일어난다. 아기의 뇌가 자기 몸을 더 잘 제어할 수 있게 되어 안아주지 않아도 스스로 잠들 수 있고 입으로 바나나를 가져갈 때 얼굴에 묻히지 않게 되면서 양육자의 역할은 조금씩 조금씩 줄어든다. 그 작은 뇌가 혼자서 스웨터를 입거나 아침을 스스로 만들어 먹게 되기까지는 여러 해가 걸리겠지만, 마침내 이 뇌는 자신의 신체예산에 대한 일차적인 책임을 맡게 될 것이다.

아기의 뇌는 양육자가 해주는 것만이 아니라 해주지 않는 일로도 배선이 된다. 당신이 아기가 혼자 잠들도록 하지 않고 매일 밤 흔들어서 재운다면, 이 아기의 뇌는 누군가의 도움 없이 잠드는 방법을 배우지 못할 수도 있다. 아기가 긴 시간을 울어대는데 이를 방치하는 일이 반복된다면, 아기의 신체예산이 돌봄을 받지 못하면서 아기의 뇌는 세상이 신뢰할 수 없고 안전하지 않다고 학습할 것이다.

하지만 아기가 걷기 시작하면서부터 상황은 달라진다. 이제 아이의 뇌는 성질을 부린 뒤에 자신의 몸을 진정시키는 법뿐만 아니라 애초에 성질내지 않고 자기 신체예산을 관리하는 방법을 배워야 한다. 나는 딸이 어렸을 때 딸에게 자기

**이토록 뜻밖의 뇌과학**

공간을 마련해주면 아이의 뇌가 자신의 몸을 진정시키는 법을 배우는 데 도움이 된다는 사실을 발견했다. 일반적으로 아이들은 양육자가 곁에서 맴돌면서 모든 욕구를 채워주는 것보다 스스로 학습할 기회를 만들어줄 때 자신의 신체예산을 더 잘 관리한다. 아이를 키울 때 커다란 어려움은 언제 들어가야 하고 언제 뒤로 물러나야 하는지를 아는 것이다.

두 번째 예는 우리가 주의를 기울이는 법을 배우는 방식에 관한 것이다. 사람이 많은 장소에서 사람들의 대화에 별로 신경 쓰지 않고 있다가 갑자기 누군가가 당신의 이름을 불렀을 때 즉시 그쪽으로 주의를 기울인 경험이 있지 않은가? (과학자들은 이것을 '칵테일파티 효과'라고 부른다.) 성인의 뇌는 어둠 속에서 스포트라이트를 비추는 것처럼 한 가지에 집중하고 나머지는 무시하는 일을 쉽게 해낸다. 이것은 당신의 뇌 네트워크에 특정 세부사항에 초점을 맞추고 관련 없는 세부사항은 무시하는 것을 주된 업무로 하는 소규모 신경세포 무리가 존재하기 때문이다. 우리의 뇌는 지속해서 그리고 자동으로 '주의'라는 스포트라이트를 비추지만, 우리는 대개 이러한 일이 일어나고 있다는 사실을 알지 못한다.

스포트라이트를 비추려면 때로 도움이 필요하다. 이것이 잡음제거 헤드폰이 잘 팔리는 이유다. 하지만 갓 태어난 뇌에는 스포트라이트가 없다. 신생아의 뇌에는 물리적 환경을 더

넓게 비추는 손전등이 많이 있다.36 신생아의 뇌는 무엇이 중요하고 무엇이 중요하지 않은지 아직 모르기 때문에 성인처럼 무언가에 집중할 수가 없다. 손전등 불빛을 스포트라이트로 좁히는 배선이 아직 부족하기 때문이다.

여기서 다시, 부족한 요소는 사회적 세계의 양육자가 채워준다. 양육자는 아기의 주의를 흥미 있는 것들에게로 계속 안내한다. 엄마가 장난감 강아지를 집어서 들여다본다. 엄마가 어린 아들을 바라본 다음 다시 강아지를 바라보며 아기의 시선을 안내한다. 엄마는 아들에게 고개를 돌려 노래하는 어조로 "정말 귀여운 강아지네!"라고 말한다. 엄마의 말과 시선의 전환은 과학자들이 관심공유sharing attention라고 부르는 것으로, 아기에게 장난감 강아지가 중요하다는 것을 의식하게 한다. 다시 말해 그 장난감은 아기의 신체예산에 영향을 끼칠 수 있으며, 그러므로 아기는 장난감에 주의를 기울여 강아지에 대해 배워야 한다.

관심공유는 아이에게 환경의 어떤 부분이 중요하고 어떤 부분은 중요하지 않은지를 조금씩 가르친다. 그러면 아이의 뇌는 신체예산과 관련이 있는 것과 무시할 수 있는 것을 가지고 자기 환경을 구성해갈 수 있다. 과학자들은 이 환경을 '적소niche'라고 부른다. 모든 동물에게는 자신의 적소가 있다. 세상을 감지하고 쓸모 있는 움직임을 만들어내고 신체예산을 조절하면서 자신의 적소를 만들어간다. 성인 인간은 거대한 적소를 갖고 있다. 아마도 생물들 중에서 가장 클 것이다. 당신의 적소는 인접한 주변 환경뿐만 아니라 세상에서 일어나는 일들, 과거·현재·미래에 일어나는 일들까지 포함한다.

여러 달에 걸쳐 양육자와 함께 관심공유를 연습하고 나면 아기는 양육자에게서 관심공유를 이끌어내는 법을 배운다. 이제 아기는 어떤 것이 자기 적소에 있는지 아닌지, 그리고 그것이 자기 신체예산에 어떤 의미를 갖는지 묻는 뜻에서 양육자를 바라볼 것이다. 이런 식으로 아기는 중요한 일에 더욱 효과적으로 주의를 집중하는 법을 배운다.

세부조정과 가지치기의 세 번째 예는 감각이 어떻게 발달하는가 하는 것이다. 생후 첫 몇 달 동안 아기는 사람들이 말하는 소리를 포함해 모든 종류의 소리에 휩싸인다. 신생아는 주의의 손전등을 환히 켜 들고 주변의 모든 소리를 받아들인다. 실험실에서 검사를 해보면 자주 듣지 못한 소리를 포함해 다양한 종류의 언어 소리를 구별해낸다. 그러나 시간이 지나면서 세부조정과 가지치기는 아기가 더 일상적으로 듣는 음성에 기초해 아기의 뇌를 연결할 것이다. 자주 듣는 소리로 인해 특정 신경 연결이 세부조정되고 아기의 뇌는 이 소리를 적소의 일부로 여기기 시작한다. 어쩌다 듣는 소리는 무시할 만한 소음으로 처리되어 결과적으로 그것과 관련된 신경 연결은 사용되지 않고 가지치기된다.

과학자들은 이런 종류의 가지치기가 아이들이 어른보다 더 쉽게 언어를 배우는 이유 중 하나라고 생각한다. 입말들은 각각 다른 소리 세트를 사용한다. 예를 들어 그리스어와 에스파냐어에는 모음이 적은 반면, 덴마크어에는 20개가 넘는 모음이 있다(계산 방법에 따라 조금씩 다르다). 당신이 아기였을 때 사람들이 당신과 여러 가지 언어로 상호작용을 했다면, 당신의 뇌는 아마도 그 언어들의 소리를 듣고 구별하기 위해 세부조정하고 가지치기했을 것이다. 반면 어렸을 때 한 가지 언어만 들었다면 모국어 이외의 소리를 듣고 구별하는 능력을 새로 배우기가 쉽지 않다.

얼굴을 알아보는 과정도 이와 비슷하게 작동한다. 우리는 아기 때 주변 사람들을 알아보는 법을 배웠다. 아기의 뇌는 얼굴의 미세한 차이를 감지해 서로를 구별할 수 있도록 세부조정되고 가지치기되었다. 하지만 한 가지 문제가 있다. 사람들은 같은 민족 가까이에 사는 경향이 있으므로 아기가 다양한 얼굴 특징에 노출되지 않는 경우가 대부분이다. 그것은 아기의 뇌가 다양한 얼굴 특징을 감지하도록 세부조정되지 않았다는 것을 뜻한다. 과학자들은 이것이 우리가 타민족 사람들의 얼굴을 기억하거나 구별하기가 더 어려운 한 가지 이유라고 생각한다. 다행스럽게도 우리는 다양한 얼굴을 많이 봄으로써 뇌를 빠르게 재조정하고 이런 능력을 회복할 수 있다. 얼굴을 구별하는 것이 외국어를 듣고 구별하는 능력을 배우기보다 훨씬 쉽다.

언어를 듣고 얼굴을 보는 것과 같은 사례는 단일 감각에 초점을 맞추지만, 당신은 다중 감각의 세계에 살고 있다. 예를 들어 우리가 누군가와 키스를 하면 우리는 얼굴의 모습, 숨 쉬는 소리, 감미로운 입술의 느낌과 맛, 향기, 그리고 자기 심장 뛰는 소리까지 결합된 통합적 경험에 둘러싸인다. 우리 뇌는 이러한 감각들을 하나의 전체로 모아낸다. 과학자들은 이러한 프로세스를 '감각통합sensory integration'이라고 부른다.

감각통합은 아기가 성장함에 따라 세부조정되고 가지치기된다. 신생아는 얼굴이 무엇인지 배우지 않았고 시각계가 완전히 형성되지 않았기 때문에 처음에는 엄마의 얼굴을 알아보지 못한다. 하지만 엄마의 목소리는 조금 알고 있으며 모유 냄새를 맡을 수도 있다. 엄마의 배에 갓난아기를 얹으면 향기를 따라 엄마의 가슴까지 기어오를 것이다. 아기는 곧 모든 감각을 다양하게 조합해서 엄마를 인식하는 법을 배운다. 아기의 작은 뇌는 시각, 후각, 청각, 촉각, 미각의 각 패턴과 자신의 체내감각들을 흡수하고 그 의미에 대해 배운다. 이렇게 해서 자신의 신체예산을 조절하는 사람이 등장한다. 감각통합을 통해 아기는 처음으로 신뢰감을 느끼며 이는 애착

attachment을 위한 신경적 토대의 일부를 이룬다.

위에서 살펴본 세부조정과 가지치기의 세 가지 예는 어떻게 해서 사회적 세계가 뇌 배선이라는 물리적 실재를 완전히 만들어내는지를 보여준다. 양육자가 이토록 유능한 전기기사인 줄 누가 알았겠는가?

그러나 이러한 처리 방식에는 위험이 따른다. 아기 뇌가 정상적으로 발달하려면 사회적 세계가 필요하다. 앞에서 배웠듯 망막으로 쳐들어오는 빛의 광자와 같은 특정한 물리적 입력자극physical input이 없다면 아기의 뇌는 정상적인 시력을 발달시키지 못할 것이다. 아기들에게는 또한 주의를 끌고 말하고 노래해주며, 중요한 순간에 자신을 안아주는 다른 인간으로부터의 사회적 입력자극social input이 필요하다는 사실이 밝혀졌다. 이러한 요구사항들이 충족되지 않으면 상황이 엄청나게 잘못될 수 있다.

아기의 뇌가 사회적 입력자극을 너무 적게 받으면 어떻게 되는지 알 일이 없으면 얼마나 좋겠는가. 누구도 아기들이 잘 크는 데 필요한 것을 빼앗아서는 안 된다. 그러나 불행히도 우리는 비극적인 역사적 사건 때문에 몇 가지 고통스러운 이야기를 알고 있다.

1960년대에 루마니아의 공산당 정부는 대부분의 피임과 낙태를 금지했다. 니콜라에 차우셰스쿠Nicolae Ceaușescu 대통령은 인구를 늘려 경제 대국이 되고, 나아가 세계 강국이 되기를 원했다. 이 새로운 법 때문에 많은 가정에서 감당할 수 있는 것보다 더 많은 자녀를 낳았다. 그 결과 아이들 수십만 명이 고아원에 보내졌고 많은 아이가 끔찍하게 학대당했다. 여기서 우리가 주목할 것은 사회적 욕구social needs가 충족되지 않은 아이들이다.

어떤 고아원에서는 아기가 자극이나 사회적 상호작용이 거의 없는 유아용 침대에 '수용'되었다. 간호사나 양육자가 들어와서 먹이고 갈아입히고 요람에 다시 넣었다. 그게 전부였다. 누구도 이 아기들과 놀아주기는커녕 안아주지도 않았다. 아기들과 대화를 하지도 않았고 노래를 불러주거나 관심을 공유해주지 않았다. 한마디로 아기들은 방치되었다.

이러한 사회적 방치의 결과로 루마니아 고아들은 지적 장애를 입은 채 자라났다. 그들은 언어를 배우는 데 문제가 있었고, 집중하거나 주의가 흐트러지는 것을 제어하는 데 어려움을 겪었다. 이것은 누구도 그들과 관심을 공유하지 않아 뇌가 효과적인 스포트라이트를 위한 배선을 발달시키지 못했기 때문일 것이다. 그들은 또한 자신을 통제하는 데 어려움을 겪었다. 아이들은 정신적·행동적 문제와 더불어 신체의 발육도 제대로 이루어지지 않았는데, 이것은 아마도 신체예산을 제대로 분배하도록 도와주는 양육자 없이 자랐기 때문일 것이다. 이는 그들의 뇌가 신체예산을 효과적으로 관리하는 법을 배운 적이 없다는 것을 의미했다. 어린아이의 뇌가 환경에 연결되었는데 그 환경에 건강한 신체예산을 위한 핵심 요소가 없으면 중요한 배선이 가지치기되어 사라질 수 있다.

이러한 후유증은 과학자들이 사회적 입력자극이 심하게 결핍된 환경에서 자란 아이들에게서 확인한 것과 일치한다. 이 아이들의 뇌는 평균보다 작게 발달한다. 주요 뇌 영역도 더 작으며 대뇌피질의 중요한 영역들에서 연결이 더 적게 나타난다. 만약 이 아이들을 생후 몇 년 이내에 보통의 위탁 가정으로 옮긴다면 이러한 영향 중 일부는 되돌릴 수 있다. 하지만 고아원이든 난민캠프든 이민자 구금 시설이든 상관없이 섬세하게 돌보는 일관된 양육자가 없는 기관에서 자란 아이들에게는 유사한 위험들이 일어날 수 있다.

아이들이 지속해서 방치되면 병에 걸릴 가능성이 매우 커진다. 루마니아 고아원의 경우처럼 그 영향이 즉각적이고 극적으로 나타나지는 않더라도 중요한 배선이 사용되지 않고 지속적으로 가지치기되는 동안 점진적이고 감지하기 어렵게 나타날 수 있다. 수도에서 천천히 떨어지는 물방울이 결국 마룻바닥에 구멍을 뚫어버리는 것처럼 이러한 부작용도 시간이 지나면서 점차 커질 수 있다. 예를 들어 사회적으로 결핍된 환경에 방치된 아이의 뇌는 양육자가 사회적 지지와 행동을 통해 배선 지침을 보내주지 않으므로 신체예산을 관리하기 위해 스스로 배선해낼 것이다. 이처럼 전형적이지 않은 배선은 신체예산에 치명적인 부담을 주고, 이 부담이 여러 해동안 축적되면서 신진대사의 기반을 흔드는 심각한 건강 문제들, 이를테면 심장병이나 당뇨병, 그리고 우울증을 비롯한 기분장애mood disorder를 일으킬 가능성을 높인다.

명확히 해두자면, 나는 아기들을 스트레스가 없는 세상에서 자라게 해야 하며, 그러지 않으면 아기들의 뇌와 몸이 고장나버릴 것이라고 말하는 것이 아니다. 오랫동안 지원 없이 '지속해서' 방치하는 것은 거의 언제나 어린 뇌에게 해롭다고 말하고 있다. 이 점에 대한 과학적 증거는 명확하다. 아기에게 음식과 물만 주면서 그들의 뇌가 정상적으로 발달할 것이라고 기대할 수는 없다. 아기와 눈을 맞추고 말을 건네고 만져주면서 그들의 사회적 욕구를 충족시켜주어야 한다. 이러한 욕구들이 충족되지 않으면 질병의 씨앗이 아주아주 일찍 심어질 수 있다.

빈곤 속에서 자라난 아이들의 뇌에서도 이와 비슷한 결과들이 보인다. 연구에 따르면, 생애 초기에 장기간 빈곤에 노출되는 것은 뇌 발달에 좋지 않다. 영양 부족, 길거리 소음으로 인한 수면 방해, 난방이나 환기 부족에 따른 열악한 온도 조절 등 빈곤으로 인한 여러 가지 상황은 대뇌피질의 앞부분, 곧 전전두피질의 발달에 변화를 일으킬 수 있다. 이 뇌 영역은 주의력과 언어, 신체예산을 포함해 다양한 범위의 주요 기능에 관여한다. 과학자들은 지금도 빈곤이 뇌 발달에 어떻게 영향을 끼치는지 연구하고 있다. 하지만 우리는 가난할수록 학교 성적이 부진하고 학교도 오래 다니지 못한다는 사실을 이미 알고 있다. 이러한 부담은 궁극적으로 아이가 성인이 되어 자녀를 낳으면 그 아이가 다시 가난하게 살아갈 위험을 증가시킨다. 이 악순환이 빈곤 속에서 살아가는 사람들에 대한 부정적인 고정관념을 강화한다고 해도 놀랄 일이 아니다. 어떤 집단의 사람들에게 여러 세대에 걸쳐 빈곤이 지속될 때 사회는 너무 쉽게 유전자를 탓한다. 하지만 그 집단 아이들의 뇌는 빈곤에 의해 형성되고 있을 가능성이 크다.

어떤 아이들은 역경과 빈곤의 교묘한 영향을 받으면서도 자연스럽게 회복될 만큼 운이 좋을 수 있다. 그러나 일반적으로 어린 뇌에게 역경과 빈곤이란 극복하기 힘든 고통이다. 진정 답답한 점은 이 비극이 '예방 가능하다'는 사실이다. (잠시 과학자로서의 입장을 내려놓는 것을 이해해주기 바란다.) 정치인들은 아이들이 빈곤에서 벗어나게 하는 문제를 해결하지 않고 수십 년간 질질 끌어왔다. 그러니 여기서 정치는 제쳐두고 이 문제를 간단한 재정 용어로 바꾸어 설명해보자. 어린 시절의 빈곤은 인간의 기회를 엄청나게 박탈한다. 최근의 추정에 따르면, 지금 빈곤을 퇴치하는 것이 수십 년 뒤에 빈곤의 결과에 대처하는 것보다 비용이 훨씬 덜 든다.[37] 더 많은 지역에서 도움이 필요한 학생들에게 무료급식 프로그램을 제공할 수 있다. 도시들은 가난한 이웃을 위해 소음을 규제하는 조례를 제정할 수 있다. 이러한 종류의 조치들은 단순히 삶의 질에 관한 것이 아니다. 이렇게 뇌가 건강하게 발달할 수 있는 환경을 만들어내야 모든 아이가 다음 세대의 일꾼, 시민, 혁신자가 될 수 있다.

방치와 빈곤이 아이들의 뇌에 강력한 영향을 끼치는 점을 고려하면 진화가 왜 우리 종을 애초에 이토록 위태로운 상황에 몰아넣었는지 궁금할 것이다. 아기의 뇌 배선이 전형적으로 발달하기 위해 사회적·물리적 입력자극에 크게 의존한다는 것은 위험도가 높은 일이다. 우리 인간은 이런 방식으로 발달할 때의 위험을 상쇄하기 위해 어느 정도의 이점을 얻어야 한다. 그렇다면 그 이점은 무엇일까?

확실히 알 수는 없지만 진화생물학과 인류학의 증거들을 근거로 나는 다음과 같이 추측한다. 이런 방식은 우리의 문화적·사회적 지식이 한 세대에서 다음 세대로 효율적으로 흐르도록 돕는다. 아이의 뇌 하나하나는 그 뇌가 속한 특정 환경에 최적화된다. 양육자들은 아기의 신체적·사회적 적소를 큐레이션해나가고 아기의 뇌는 그 적소를 학습한다. 아기가 자라 성인이 되면 말과 행동을 통해 자신의 문화를 다음 세대로 전달하고, 그들의 뇌를 차례로 연결함으로써 그 적소를 영구화한다. 문화유전cultural inheritance이라고 불리는 이 프로세스는 효율적이며 비용이 적게 든다. 진화가 우리의 모든 배선 지침을 유전자에 부호화하지 않아도 되기 때문이다. 이로써 진화는 인간들을 포함해 우리 주변 세계에 대한 업무의 상당 부분을 내려놓을 수 있었다. 원하든 원하지 않든 우리는 무의식적으로 우리 문화의 지식을 자손들에게 전달한다.

뇌에 관한 한 본성이냐 양육이냐 같은 단순한 구분이 유혹적일 수는 있겠으나 사실과는 거리가 멀다. 우리는 '양육이 필요한 본성'을 지녔다. 우리의 유전자가 완성된 뇌를 만들어내려면 적절한 물리적 환경과 사회적 환경, 곧 적소가 필요하다. 아이와 눈을 맞추고 말을 걸고 수면시간을 일정하게 설정해주고 체온을 유지해주는 양육자들로 채워진 적소가 필요하다.

우리는 모두 아이들을 어떻게 대하는지가 중요하다는 사실을 안다. 하지만 수십 년 전에 우리가 알고 있던 것보다 더 중요하다. 당신이 새벽 4시에 깨어 울어대는 당신의 작은 천사를 달래려고 하거나 아기가 바닥에 시리얼을 차분하게 93번째 떨어뜨리고 있을 때, 당신은 알든 모르든 아기 뇌의 세부조정과 가지치기를 안내하는 것이다. 어린 뇌는 스스로를 세계에 연결한다. 배선 지침이 풍부한 사회적 세계를 포함해 아이들의 뇌를 건강하고 온전하게 성장시키기 위한 세계를 만드는 것은 우리에게 달려 있다.

# 뇌는 당신의 거의 모든
# 행동을 예측한다

4 강

인간의 뇌는 단순히 세상에 반응하지 않고 적극적으로 세상을 예측하며 심지어 스스로 배선을 바꾸면서 자신의 경험을 만들어나간다. 우리는 어제와 다르게 예측하는 뇌를 길러낼 자유를 가지며 그 결과에 책임을 져야 하는 존재다.

몇 년 전, 나는 아파르트헤이트apartheid(남아프리카공화국의 극단적인 인종차별 정책으로 1994년 최초의 흑인 정권이 탄생하며 폐지됨-옮긴이)가 끝나기 전인 1970년대 남부 아프리카의 로디지아 군대에서 복무했던 한 남자[38]에게서 이메일을 받았다. 그는 자신의 의지에 반해 징집되어 제복과 소총을 건네받고 게릴라들을 색출하라는 명령을 받았다. 설상가상으로 그는 징집되기 전까지 바로 그 게릴라들을 지지해온 사람이었다.

어느 날 아침 깊은 숲속에서 소규모 분대의 병사들과 함께 훈련하던 중 그는 자기 앞에서 어떤 움직임을 감지했다. 그는 심장이 쿵쾅거리는 것을 느끼며 위장하고 총을 든 게릴라들이 길게 늘어서 있는 것을 보았다. 그는 본능적으로 소총을 들어 안전장치를 푼 뒤 눈을 가늘게 뜨고 총열을 들여다보고는 돌격용 소총인 AK-47을 들고 있는 선두를 겨냥했다.

별안간 그는 자기 어깨에 누군가가 손을 얹는 것을 느꼈다. "쏘지 마." 등 뒤에 있던 동료가 작은 소리로 말했다. "그

이토록 뜻밖의 뇌과학

냥 아이잖아." 그는 서서히 소총을 내리고 현장을 다시 보았고, 이제야 눈에 들어오는 것을 보고 깜짝 놀랐다. 열 살 남짓으로 보이는 소년 하나가 길게 늘어선 소들을 이끌고 있었다. 그가 두려워했던 AK-47은 어이없게도 소 떼를 모으는 막대기였다.

그 뒤로 몇 년 동안 남자는 어딘가 찝찝한 이 사건을 이해하려고 애썼다. 어쩌다 내가 바로 눈앞에서 일어난 것도 잘못 보고 아이를 죽일 뻔했지? 뇌에 무슨 문제라도 있는 것일까?

하지만 그의 뇌에는 아무 문제가 없었다. 그의 뇌는 작동해야 하는 대로 정확히 잘 돌아가고 있었다.

과거의 과학자들은 뇌의 시각계가 일종의 카메라처럼 작동하여 바깥세상에 있는 시각정보를 감지해서 마음속에 사진과 같은 이미지를 구성한다고 믿었다. 오늘날 우리는 이보다 더 잘 알게 되었다. 우리는 세상을 사진처럼 바라보지 않는다. 시각이란 뇌가 구성하는 것인데, 이는 매우 매끄럽고 설득력이 높아서 마치 아주 정확한 것처럼 보인다. 하지만 때로는 그렇지 않을 때도 있다.

막대기를 든 열 살짜리 소년을 소총을 든 어른 게릴라로 보는 것이 왜 지극히 정상일 수 있는지 이해하기 위해 뇌의 관점에서 상황을 들여다보자.

태어난 순간부터 마지막 숨을 들이마시는 순간까지 뇌는

두개골이라는 어둡고 조용한 상자에 갇혀 있다. 뇌는 매일매일 눈, 귀, 코를 비롯하여 여러 감각기관을 통해 외부세계로부터 감각 데이터를 지속해서 수신한다. 이 데이터는 우리 대부분이 경험하는 의미 있는 광경이나 냄새, 소리와 같은 형태로 들어오는 것이 아니다. 이들은 빗발치는 광파와 화학물질, 그리고 기압의 변화에 불과하며 그 안에 본질적인 의미 같은 건 없다.

이렇게 모호한 감각 데이터 조각들[39]을 맞닥뜨리면 뇌는 어떻게 해서든 다음에 무엇을 할지 파악해야 한다. 우리 뇌의 가장 중요한 일이 몸을 제어해 잘 살아 있게 만드는 것이라는 점을 기억하라. 당신의 뇌는 감각 데이터의 맹공격으로부터 어떻게든 의미를 만들어내어 당신이 계단에서 굴러떨어지거나 어떤 맹수의 점심식사가 되지 않도록 해야 한다.

그렇다면 우리 뇌는 어떻게 해서 감각 데이터를 해독해 무엇을 해야 할지 알아내는 것일까? 바로바로 들어오는 모호한 정보들만 사용해야 한다면, 당신은 불확실성의 바다에서 헤엄치면서 최선의 반응이 무엇인지 알아낼 때까지 헤매야 할 것이다. 하지만 운 좋게도 뇌에는 마음대로 쓸 수 있는 추가 정보원이 있다. 바로 기억이다. 우리의 뇌는 우리가 지금까지 경험해온 것들의 도움을 받을 수 있다. 개인적으로 직접 겪은 일들과 친구나 선생님, 책이나 영상을 비롯한 다양한 출처로부터 배워온 것들이 뇌를 돕는다. 끊임없이 변화하는 복잡한 신경망에서 신경세포들이 전기화학적 정보를 앞뒤로 전달하면서 뇌는 눈 깜짝할 사이에 과거 경험의 조각들을 재구성해낸다. 감각 데이터의 의미를 추론하고 무엇을 해야 할지 알아내기 위해 이 조각들을 조합해 기억을 만들어낸다.[40]

과거 경험에는 우리 주변 세계에서 일어난 일뿐만 아니라 신체 내부에서 일어난 일들도 포함된다. 심장이 빨리 뛰었는가? 심호흡을 했는가? 비유적으로 말해서 당신의 뇌는 매 순간 스스로 묻는다고 볼 수 있다. '마지막으로 이와 비슷한 상황을 만났을 때, 내 몸이 지금과 비슷한 상태였을 때, 그때는 이다음에 무엇을 했지?' 이에 대한 대답이 지금 당신이 처한 상황에 완벽하게 부합할 필요는 없다. 다만 당신이 생존하고 나아가 번영할 수 있도록 돕는 적절한 행동계획을 제공한다면 그것으로 충분하다.

이는 뇌가 신체의 다음 행위를 어떻게 계획하는지 설명해준다. 당신의 두뇌는 어떻게 바깥세계에서 들어오는 가공되지 않은 정보 조각들에서 숲속에서 게릴라를 보는 것과 같이 충실도가 높은 경험들을 만들어내는 것일까? 뇌는 쿵쾅거리는 심장에서 어떻게 공포감을 만들어낼까? 한 번 더 말하자면, 뇌는 스스로 질문함으로써 기억으로부터 과거를 다시 만들어낸다. '이와 비슷한 상황을 내가 마지막으로 겪었을 때,

내 몸이 지금과 비슷한 상태에 있었고 이 특정한 행위를 하려고 했을 때, 그다음에 무엇을 보았나? 그다음에 어떤 느낌이 들었던가?' 이에 대한 대답이 당신의 경험이 된다. 뇌는 머리 바깥의 세상과 머리 내부로부터 나오는 정보들을 결합해 당신이 보고 듣고 냄새 맡고 맛보고 느끼는 모든 것을 만들어낸다.

우리의 기억이 우리가 보는 것을 만들어내는 결정적인 요소임을 설명하는 간단한 예시가 있다. 다음 그림 세 컷을 보기 바란다.

당신의 두개골 안에서 수십억 개의 신경세포는 당신이 알아차리지 못하는 사이에 여기 있는 선과 얼룩들에 의미를 부여하려고 애쓴다. 뇌는 지금까지의 경험들을 검색해보고, 한 번에 수천 가지를 추측하고, 그 확률들을 측정하며, '이 빛의 파장이 무엇과 가장 비슷한지' 알아맞히려고 애쓴다. 이 모든 작업은 당신이 손가락을 튕겨 소리를 내는 것보다 더 빨리 일어난다.

자, 그래서 무엇이 보이는가? 여러 개의 검은색 선과 한 쌍의 얼룩? 당신의 뇌에 더 많은 정보를 제공할 때 어떤 일이 일어나는지 한번 살펴보자. 이 책 뒤에 실린 부록 41번으로 가서 그림 설명을 읽은 다음 돌아와서 다시 이 그림을 보라.

이제 당신은 선과 얼룩이 아니라 익숙한 어떤 형체를 보

로저 프라이스, 〈중〉 드루들즈 시리즈 발췌

**그림 8** | 무엇이 보이는가?

게 될 것이다. 당신의 뇌는 눈앞에 있는 시각정보를 이해해 의미를 만들어내기 위해 과거 경험의 조각들을 가져와 기억을 조합해내고 있다. 이 과정에서 당신의 뇌는 문자 그대로 신경세포들의 발화를 변화시킨다. 이제 종이에서 이전에 본 적이 없는 것들이 튀어나온다. 그림의 선과 얼룩들은 아무런 변화 없이 그대로인데 말이다. 바뀐 것은 당신이다.

예술작품, 특히 추상미술은 인간의 뇌가 경험하는 것을 구성하기 때문에 가능해진다. 파블로 피카소Pablo Picasso의 입체파 그림을 보고 어떤 인간의 형태임을 알아볼 수 있는 것은 당신의 뇌에 인간의 형태에 대한 기억이 있어서 추상적인 요소를 이해하도록 도와주기 때문이다. 화가 마르셀 뒤샹Marcel Duchamp은 예술가는 예술 창작 작업의 절반만 수행할 뿐이라고 말하기도 했다. 나머지 절반은 보는 사람의 뇌 안에 있다. (예술가와 철학자들은 이것을 '관람자의 몫beholder's share'[42] 이라고 부른다.)

당신의 뇌는 활발하게 경험들을 구성해간다. 우리는 매일 아침 일어나면서 감각들로 가득 찬 세상을 경험한다. 당신은 침대 시트가 피부에 닿는 것을 느낄 수 있고, 알람이 울리거나 새가 지저귀거나 배우자가 코 고는 소리와 같이 당신을 깨우는 소리들을 들을 수도 있다. 커피 내리는 냄새를 맡을 수도 있다. 이 감각들은 우리의 눈, 코, 입, 귀, 피부가 마

치 세상을 향한 투명한 창문인 양 우리 머릿속으로 바로 날아
드는 것처럼 보인다. 하지만 당신은 감각기관들이 아니라 당
신의 뇌로 이것들을 감지한다.

우리가 보는 것은 세상에 있는 것과 우리 뇌가 구성한 것
의 조합이다. 당신이 듣는 것 역시 세상에 있는 소리와 뇌 안
에 있는 것의 조합이며, 다른 감각들도 마찬가지다.

이와 거의 같은 방식으로 뇌는 신체 내부에서 느끼는 것
또한 구성한다. 통증이나 불안감처럼 내부에서 느껴지는 감
각들은 뇌에서 일어나는 일과 폐, 심장, 내장, 근육 등에서 실
제로 일어나는 일의 조합이다. 뇌는 또한 여기에 과거 경험에
서 얻은 정보를 추가해 그 느낌이 무엇을 의미하는지 추측한
다. 예를 들어 충분히 잠을 자지 못해 피곤하거나 기력이 부
족할 때 배가 고픈 것으로 느껴(배가 고파서 기력이 부족했
던 적도 있으므로) 간식을 먹으면 기운이 날 것이라 생각하
기도 한다. 사실은 수면부족으로 지친 것인데 말이다. 이렇
게 구성된 배고픔의 경험은 원치 않게 과체중이 되는 한 가지
이유가 될 수도 있다.

이제 우리는 앞에 등장했던 군인이 소들을 데리고 가는
소년 대신 게릴라를 보았던 이유를 이해할 수 있다. 그의 뇌
는 물었을 것이다. '이 전쟁에 대해 내가 아는 바에 근거하자
면 동료들과 함께 깊은 숲속에 있고, 소총을 움켜쥐고 있으

며, 심장은 두근거리고, 내 앞에 움직이는 형체가 있으며, 게다가 뭔가 뾰족한 것도 가지고 있다면 내가 그다음에 보게 될 가능성이 큰 것은 무엇일까?' 답은 '게릴라'였다. 이 상황에서 머릿속의 것과 바깥의 것이 일치하지 않았고, 머릿속의 것이 우세했다.

대체로 당신이 소를 볼 때는 소가 보인다. 그러나 당신도 분명히 그 군인과 같은 경험을 해보았을 것이다. 당신의 머릿속 정보가 외부세계의 데이터를 압도하는 경험 말이다. 군중 속에서 친구의 얼굴을 보았는데 다시 보니 다른 사람이라는 것을 알아차린 적이 있는가? 핸드폰이 울리지도 않는데 주머니에서 진동을 느낀 적이 있지는 않은가? 어떤 노래가 머릿속에서 떠나지 않아 계속 흥얼거린 적은 없는가? 신경과학자들은 이렇게 말하고 싶어한다. 당신의 일상적 경험이란 외부세계와 당신의 신체가 주는 제약을 받지만, 궁극적으로는 당신의 뇌가 구성하는 '주의 깊게 제어된 환각hallucination'이라고 말이다. 물론 당신을 병원으로 보내야 할 종류의 환각을 말하는 것이 아니다. 당신의 모든 경험을 만들어내고 모든 행위를 안내하는 일상적인 환각[43]이다. 이것은 뇌가 감각 데이터에 의미를 부여하는 정상적인 방법이며, 당신은 이런 과정이 일어나는 것을 거의 인식하지 못한다.

물론 이러한 설명은 일반적 상식에 어긋난다. 하지만 잠간만 기다려보라. 한 가지 사실이 더 있다. 이 경험을 구성하는 전체 프로세스는 '예측하는 방식'으로 일어난다. 과학자들은 우리 뇌가 빛의 파동이나 화학물질을 비롯한 감각 데이터가 뇌에 도달하기 전에 주변 세계의 실시간 변화들을 감지하기 시작한다는 사실을 확인했다. 몸에서 매 순간 일어나는 변화들도 마찬가지다. 우리 뇌는 몸의 장기와 호르몬을 비롯한 다양한 신체 시스템에서 관련 데이터가 도착하기 전에 이미 감지하기 시작한다. 물론 우리가 감각을 이런 식으로 경험하지는 않지만, 뇌는 이런 방식으로 세상을 탐색하고 신체를 제어한다.

하지만 내 말을 곧이곧대로 받아들이지는 마라. 대신 당신이 목이 말랐을 때 물 한 잔 마셨던 경험을 떠올려보라. 마지막 한 방울까지 마시고 나서 몇 초 이내에 갈증이 줄어들었을 것이다. 이 현상은 당연하게 보일 수 있지만 실제로 물이 혈류에 도달하려면 20분 정도가 걸린다. 그러니 물을 마시고 몇 초 만에 갈증을 해소할 수는 없을 것이다. 그렇다면 무엇이 당신의 갈증을 해소했을까? 바로 예측이다. 뇌는 마시고 삼키는 행위들을 계획하고 실행하는 동시에 물을 마시면 느끼게 되는 결과를 예상해서 수분이 혈액에 직접 영향을 끼치기 훨씬 전에 갈증을 덜 느끼게 한다.

예측은 빛의 섬광을 당신이 볼 수 있는 물체로 변환한다.

예측은 기압의 변화를 들을 수 있는 소리로 바꾸어주고, 화학 물질의 자취를 냄새와 맛으로 바꿔낸다. 예측을 통해 당신은 이 페이지의 구불구불한 선들을 글자와 단어, 생각들로 이해할 수 있다. 예측은 또한 마지막 단어가 빠진 문장을 보면 마뜩잖아지는 이유가 되기도 한다.

과학자들은 이미 100년 전부터 뇌가 체내 장기들을 예측하고 있을 것이라는 단서들을 갖고 있었지만 최근까지도 이러한 단서들은 제대로 해독되지 못했다. 19세기의 생리학자 이반 파블로프Ivan Pavlov가 개에게 소리(흔히 종소리로 알려져 있지만 사실은 메트로놈의 똑딱거리는 소리)를 들으면 침을 흘리도록 가르쳤던 이야기를 들어본 적이 있을 것이다. 파블로프는 개가 매 끼니를 먹기 직전에 메트로놈 소리를 들려주었고, 어느 순간부터 개들은 먹이를 주지 않아도 그 소리를 들으면 침을 흘렸다. 파블로프는 이 효과를 발견한 공로로 노벨상을 받았고, 이는 파블로프 조건형성Pavlovian conditioning 또는 고전적 조건형성classical conditioning으로 알려졌다. 하지만 파블로프는 자신이 뇌가 어떻게 예측하는지를 발견해냈다는 사실은 알지 못했다. 그의 개들은 소리에 반응해 침을 흘린 게 아니다. 개들의 뇌가 먹이를 먹은 경험을 예측하고 음식을 먹을 수 있도록 미리 몸을 준비시킨 것이다.

당신도 지금 바로 비슷한 실험을 해볼 수 있다. 마음속에 좋아하는 음식을 하나 떠올려보라(내 경우는 천일염을 넣은 다크 초콜릿 한 조각이다). 그 냄새와 맛, 입에서 느껴지는 느낌을 떠올려보라. 혹시 입안에서 침이 분비되는 것이 느껴지는가? 나는 이 글을 쓰면서 바로 침이 고이는 걸 느낀다. 메트로놈은 필요 없다. 만약 신경과학자들이 지금 내 뇌를 스캔한다면 미각 및 후각과 관련된 주요 영역과 침 분비를 조절하는 뇌 영역에서 활동이 증가하는 것을 볼 수 있을 것이다.

이 설명을 읽고 당신이 좋아하는 음식 냄새나 맛이 느껴졌거나 조금이라도 침을 더 분비했다면 당신은 자동적 예측과 똑같은 방식으로 신경세포들의 발화를 성공적으로 변화시킨 것이다. 이 과정은 앞에서 세 개의 그림을 보았을 때 일어난 것과 유사하다. 두 경우 모두에서 나는 당신의 뇌가 자연스럽게 그리고 자동으로 하는 일에 대해 밝히기 위해 의도적이고 인위적인 예를 사용했다.

아주 실제적인 의미에서 예측이란 뇌가 자기 자신과 대화를 나눈다는 것을 말한다. 많은 신경세포는 우리의 뇌가 현재 만들어내고 있는 과거와 현재의 그 어떤 조합이라도 기반으로 삼아 가까운 장래에 일어날 일에 대해 최선의 추측을 한다. 그런 뒤 신경세포들은 이렇게 추측한 것을 다른 뇌 영역의 신경세포들에게 알려 그들의 발화를 변화시킨다. 그러는 사이 외부세계로부터 온 감각 데이터와 당신의 체내에서 들어오는 감각 데이터가 그 대화에 투입되면서 당신이 현실로 경험하게 될 예측을 확정짓는다(또는 그러지 않는다).

실제로 뇌의 예측 과정은 그렇게 선형적이지 않다. 일반적으로 뇌는 여러 가지 방법을 써서 주어진 상황을 처리하며, 예측들을 돌풍같이 쏟아내어 각각의 예측에 대한 확률을 추산한다. 지금 저 숲에서 들려오는 바스락거리는 소리는 바람 때문일까, 아니면 동물 때문일까? 적군일까, 소몰이 소년일까? 저 기다란 갈색 물건은 지팡이일까, 아니면 소총일까? 결국 매 순간 어떤 예측은 들어맞는다. 그렇게 들어맞는 예측은 몸에서 감지되는 감각 데이터에 가장 잘 부합하는 경우가 많다. 하지만 늘 그런 것은 아니다. 어느 쪽이 되었든 결국 성공한 예측이 당신의 행위와 감각 경험이 된다.

그래서 당신의 뇌는 예측을 내놓고 세상과 당신의 신체에서 오는 감각 데이터와 대조한다. 다음에 일어나는 일은 신경과학자가 보기에도 여전히 놀랍다. 뇌가 잘 예측했다면 신경세포는 들어오는 감각 데이터와 일치하는 패턴으로 '일찌감치 발화하고' 있으니 말이다. 이는 감각 데이터 자체는 당신의 뇌가 하는 예측을 확인시켜주고 나면 더는 쓰임새가 없다는 얘기다. 이 세상에서 우리가 매 순간 보고 듣고 냄새 맡고 맛보고 몸에서 느끼는 것은 '순전히 머릿속에서 만들어진' 것이다. 예측을 통해 뇌는 당신이 적절한 행위를 할 수 있도록 효율적으로 준비시킨다.

이것이 의미하는 바는 다음과 같다. 군인의 뇌가 전방에 게릴라들이 있다고 예측했는데, 게릴라가 실제로 거기에 있었다고 가정해보자. 뇌의 관점에서 보면 실제 게릴라들이 자기 예측을 확인시켜주었다고 볼 수 있다. 뇌가 이미 게릴라에 대한 시각, 청각, 후각 정보들을 구성해 신체예산을 조정하고 이에 맞게 행동할 수 있도록 몸을 준비시켰기 때문이다. 이 경우 그의 예측은 그가 소총을 들고 쏘도록 준비시켰다.

하지만 실제 이야기에서 군인의 뇌는 잘못된 예측을 했다. 실제로 만난 것은 손에 막대기를 든 채 소 떼를 몰고 가는 소몰이 소년이었는데, 군인의 뇌는 총을 가진 게릴라 무리로 예측했다. 그런 상황에서 그의 뇌에는 두 가지 선택지가 있었다. 한 가지는 외부세계의 감각 데이터를 통합해 자신의 예측을 수정하고, 소년과 소들로 이루어진 새로운 경험을 구성하는 것이다. 이 새로운 예측은 군인의 뇌에 심어져 다음번 예측을 개선할 것이다. 과학자들은 이 선택에 멋진 이름을 붙였다. 우리는 이것을 '학습'이라고 부른다.

하지만 군인의 뇌는 다른 선택을 했다. 그의 뇌는 외부세계의 감각 데이터들이 있는데도 예측에 집착했다. 이런 일은 여러 가지 이유로 일어날 수 있다. 한 가지 이유는 뇌가 그의 목숨이 위태롭다고 예측했기 때문이다. 뇌는 정확성을 위해

서가 아니라 우리를 살리기 위해 배선되어 있다.

당신의 뇌가 정확하게 예측했다면 그 뇌는 당신의 현실을 만든다. 예측이 틀렸을 때도 뇌는 마찬가지로 현실을 만들어내며, 바라건대 그 실수를 통해 배운다. 그 군인의 동료가 그의 어깨를 두드려 상황을 다시 보게 해 뇌가 새로운 예측을 할 수 있도록 한 것은 다행한 일이다.

이제 우리는 상식을 위협하는 마지막 결정타를 살펴볼 것이다. 바로 이 모든 예측이 우리가 경험하는 방식과 '반대 방향으로' 일어난다는 것이다. 우리는 먼저 무언가를 감지하고 그다음에 행동한다고 생각한다. 눈으로 적을 보고 그다음에 소총을 드는 식으로 말이다. 하지만 뇌에서는 감지가 사실상 두 번째에 해당한다. 뇌는 집게손가락을 방아쇠로 가져가고, 그 움직임을 지원하기 위해 신체예산을 변경하는 것과 같이 행위에 먼저 대비하도록 배선되어 있다. 또한 뇌는 이러한 예측들을 감각계로 전송해 손가락 끝의 차가운 강철의 느낌과 쿵쾅거리는 심장박동을 예측하도록 배선되어 있다. 군인의 뇌가 바스락거리는 나뭇잎 소리를 듣고, 손을 총으로 옮기고, 존재하지 않는 적을 보도록 이끌었다.

그렇다. 뇌는 당신이 인식하기 '전에' 행동들을 개시하도록 배선되어 있다. 이는 사실 보통 일이 아니다. 일상생활에서 우리는 선택을 통해 많은 것을 하지 않는가? 최소한 그렇게 보인다. 예를 들어 당신은 이 책을 열어서 글자들을 읽기로 선택했다. 하지만 뇌는 예측기관이다. 뇌는 당신의 과거 경험과 현재 상황을 기반으로 다음에 이루어질 일련의 행동을 개시하며, 이러한 일들은 당신의 인식 없이 이루어진다. 다른 말로 하면 당신의 행동은 당신의 기억과 환경의 제어를 받는다. 이것이 당신에게 자유의지가 없다는 것을 의미할까? 누가 당신의 행동을 책임져야 할까?

철학이 생겨난 이래로 철학자들을 비롯해 수많은 학자가 자유의지의 존재에 대해 논쟁을 계속해왔다. 우리가 여기서 그 논쟁을 마무리할 것 같지는 않다. 하지만 그 논쟁에서 자주 간과되어온 퍼즐 조각 하나를 강조해볼 수는 있다.

당신이 마지막으로 자동조종 모드에서 행동했던 때를 생각해보라. 자기도 모르게 손톱을 물어뜯었을 수도 있고, 뇌와 입의 연결이 너무 순조로운 나머지 친구에게 후회할 만한 말을 해버렸을 수도 있다. 흥미진진한 영화를 보다 보니 커다란 봉지에 든 트위즐러를 몽땅 먹어버렸을 수도 있다. 이러한 순간에 당신의 뇌는 행동을 개시하기 전에 예측능력을 사용했고, 당신은 뭔가를 자신이 직접 했다고 느끼지 못했다. 그 순간에 좀 더 자제력을 발휘했다면 행동을 바꿀 수 있었을까? 아마 쉽지 않았을 것이다. 이러한 행동에도 책임이 있는 것일까? 물론이다. 당신이 생각하는 것보다 더 많은 책임이 당신에게 있다.

　행동을 개시하는 예측들은 난데없이 나타나는 것이 아니다. 어렸을 때 손톱을 물어뜯지 않았다면 지금 물어뜯는 일도 없을 것이다. 친구에게 던진 후회막심한 말들을 아예 배운 적이 없다면 지금도 말하지 못했을 것이다. 새콤달콤한 맛에 길들여지지 않았더라면 트위즐러를 그렇게 먹어치우지 않았을 것이다. 뇌는 과거 경험을 사용해 당신의 행동을 예측하고 준비한다. 마법처럼 시간을 거슬러올라가 과거를 바꿀 수 있다면, 오늘 당신의 뇌는 다르게 예측할 것이고 다르게 행동할 수 있으며 결과적으로 세상을 다르게 경험할 것이다.

　물론 과거를 바꾸는 것은 불가능하다. 하지만 지금 당장 조금 수고를 들이면 앞으로 뇌가 예측하는 방식은 바꿀 수 있다. 약간의 시간과 에너지를 투자해 새로운 아이디어를 배울 수 있다. 새로운 경험을 만들어낼 수 있고 새로운 활동을 시도해볼 수도 있다. 오늘 배우는 모든 것은 내일을 다르게 예측하도록 뇌에 씨를 뿌려줄 것이다.

　예를 들어보자. 누구나 시험 전에는 긴장감을 느낀다. 하지만 어떤 사람들에게는 이러한 불안이 심하게 고통스럽다. 뇌는 과거에 시험 본 경험을 근거로 예측해서 심장을 두근거리게 하고 땀으로 손바닥이 축축해지게 만들지만, 그러면 시험을 무사히 치르기 힘들다. 이런 일이 자주 발생하면 그 과목에서 낙제하거나 심하면 학교를 중퇴하게 될 수도 있다. 여기서 문제는 두근거리는 심장이 꼭 불안을 의미하지는 않는다는 것이다. 연구에 따르면 학생들은 자신의 신체적 감각을 불안감이 아니라 원기 왕성한 투지로 다르게 경험하는 법을 배울 수 있으며, 그렇게 할 때 시험을 더 잘 보는 것으로 나타났다. 이때 투지는 미래에 다르게 예측하도록 뇌에 씨를 뿌려 목표하는 결과를 더 잘 얻을 수 있게 한다. 이런 방법을 충분히 연습하면 시험을 통과하고 아마 교과과정을 무사히 거쳐 졸업까지 할 수 있을 것이다. 이는 미래의 잠재 소득에도 막대한 영향을 끼친다.

다른 사람에게 공감하는 능력을 키우고 미래에 다르게 행동하도록 예측을 바꿀 수도 있다. 평화의 씨앗Seeds of Peace이라고 불리는 조직은 팔레스타인과 이스라엘, 인도와 파키스탄같이 심각한 갈등을 겪고 있는 문화권의 젊은이들을 한데 모아 예측을 바꿀 수 있도록 노력을 기울이고 있다. 여기에 참여하는 십대들은 축구·카누·리더십 훈련 같은 활동을 함께 하면서, 서로 힘을 주는 분위기 속에서 그들 문화 간의 적대감에 관해 이야기를 나눈다. 그들은 새로운 경험을 만들어가면서 자신들의 미래 예측을 바꾸어가고 있다. 각 문화 사이에 다리를 놓고 궁극적으로 더 평화로운 세상을 만들기 위해서 말이다.

더 작은 규모로도 이와 비슷한 일을 시도해볼 수 있다. 오늘날 반대 의견을 가진 사람들이 서로에게 예의를 갖추지 못할 정도로 극도로 양극화된 세상에 살고 있다고 느끼는 사람이 많다. 만약 당신이 뭔가 달라지기를 원한다면 나는 당신에게 한 가지 도전해보기를 제안한다. 논쟁거리가 되는 정치적 이슈 중 당신이 관심 있는 주제를 하나 택하라. 미국에서라면 낙태, 총기, 종교, 경찰, 기후변화, 노예제 배상, 또는 당신에게 중요한 지역 문제가 될 수도 있다. 그리고 매일 5분 동안 당신이 동의하지 않는 사람들의 관점에서 그 문제를 생각해보라. 당신의 머릿속에서 그들과 논쟁을 벌이기 위해서가 아니라 당신만큼 똑똑한 사람이 어떻게 해서 당신과 정반대 신념을 가질 수 있는지 이해하기 위해서다.

나는 당신에게 생각을 바꾸라고 얘기하는 것이 아니다. 이 도전이 쉽다고 말하는 것도 아니다. 이 일을 하려면 당신의 신체예산에서 인출이 일어나야 하고, 이 일이 불쾌하거나 무의미하다고 느낄 수도 있다. 하지만 다른 사람의 관점에 서보려고 노력할 때, 진심으로 노력할 때 당신은 다른 관점을 가진 사람들에 관한 미래 예측을 바꿀 수 있다. 당신이 만약 "그들에게 전혀 동의하지는 않지만 그들이 왜 그렇게 믿는지는 이해할 수 있다"라고 솔직하게 말할 수 있다면, 덜 양극화된 세상을 향해 한 걸음 나아간 것이다. 이것은 진보주의적이고 탁상공론격인 꿈 같은 헛소리가 아니다. 당신의 예측하는 뇌에 관한 기초과학에서 도출한 전략이다.

자동차를 운전하거나 신발끈을 묶는 방법을 배워본 적이 있는 사람이라면 누구나 알 것이다. 오늘 충분히 연습해서 익힌 행동을 내일 자동으로 하게 된다는 사실을. 그 행동이 자동화된 것은 당신의 뇌가 갖가지 행동을 개시하는 각기 다른 예측을 하도록 스스로 세부조정하고 가지치기했기 때문이다. 결과적으로 당신은 당신 자신과 당신 주변의 세상을 다르게 경험하게 된다. 그것은 자유의지의 한 형태다. 아니면 최소한 우리가 자유의지라고 부를 만한 것이다. 우리는 무엇에 자기 자신을 노출시킬 것인지 선택할 수 있다.

내가 여기서 말하고자 하는 것은, 당신이 흥분했을 때의 행동을 바꾸지는 못하더라도 흥분하기 전에 당신의 예측을 바꿀 기회가 충분히 있다는 것이다. 반복 연습을 통해 당신은 특정 자동 행동을 다른 행동보다 더 많이 일어나게 만들 수 있고, 당신이 생각하는 것보다 미래의 행동과 경험들을 더 많이 제어할 수 있다.

나는 당신에 관해 잘 알지 못하지만 이 메시지는 희망적이라고 생각한다. 물론 당신도 짐작하겠지만, 이런 추가 제어에는 몇 가지 단서가 따르긴 한다. 더 많은 제어는 더 많은 책임을 의미한다. 당신의 뇌가 단순히 세상에 반응하고 있는 것이 아니라 적극적으로 세상을 예측하고 게다가 자신의 배선까지 바꿀 수 있다면, 당신이 나쁜 행동을 했을 때 누가 책임을 져야 할까?[44] 바로 당신이다.

여기서 내가 말하는 '책임'은 사람들이 살면서 겪는 비극이나 그 결과로 경험하는 역경에 대한 책임이 아니다. 우리는 자신이 접할 모든 상황을 선택하지 못한다. 우울증, 불안증, 또는 그 외에 심각한 질병을 앓고 있는 사람들이 자신의 고통을 책임져야 한다고 말하는 것도 아니다. 나는 다른 얘기를 하고 있다. 때로는 우리가 잘못했기 때문이 아니라 그것을 바꿀 수 있는 유일한 사람이기 때문에 우리에게 책임이 있다는 것이다.

당신이 어렸을 때 뇌가 배선되는 환경을 보살핀 건 양육자였다. 양육자가 당신의 적소를 만들었지 당신이 그 적소를 선택한 게 아니다. 당신은 아기였으니까. 그러니 초기 배선은 당신 책임이 아니다. 당신이 서로 매우 비슷한 사람들 사이에서 자랐다고 해보자. 주변 사람들이 모두 같은 종류의 옷을 입고 특정 신념에 동의하거나 종교가 같거나 피부색이나 체형이 비슷비슷한 사람들 주변에서 자랐다면, 이런 유사점들이 당신의 뇌가 '사람들이란 이러저러하다'고 예측하도록 세부조정하고 가지치기해왔을 것이다. 발달하는 뇌에는 일종의 궤적 같은 것이 주어진다.

어른이 되면 상황이 달라진다. 당신은 어떤 유형의 사람들과도 어울릴 수 있으며, 어린 시절에 당신을 둘러쌌던 믿음에 이의를 제기할 수 있다. 자신만의 적소를 바꿀 수도 있다. 오늘의 행동은 내일 뇌가 내놓을 예측이 되며, 그 예측들은 자동으로 당신이 앞으로 할 행동을 이끌어낸다. 따라서 당신에게는 새로운 방향으로 예측하는 뇌를 길러낼 자유가 있으며, 그 결과에 대한 책임도 당신이 져야 한다. 자신이 무엇을 할 수 있을지 모두가 폭넓게 선택할 수 있는 건 아니지만, 누구에게든 어느 정도 선택의 여지는 있다.

예측하는 뇌를 가진 당신은 자신이 생각하는 것보다 행동과 경험들을 더 많이 제어할 수 있고 더 많은 책임을 갖는다. 이러한 책임을 기꺼이 감수할 마음이 있다면, 그 가능성에 대해 한번 생각해보라. 당신의 삶은 어떤 모습이 될 수 있을까? 당신은 어떤 사람이 될 수 있을까?

# 당신의 뇌는 보이지 않게
# 다른 뇌와 함께 움직인다

5
강

인간은 생존하기 위해 서로의 신경계를 조절하는 사회적 동물이다. 신체예
산을 서로 조절하고 나눠 쓰는 대표적 수단이 '말'이다. 말은 타인의 뇌 활
동과 신체 시스템에 직접 영향을 끼친다. 이것이 우리가 연결된 방식이다.

인간은 사회적 동물이다. 우리는 집단을 이루어 살아간다. 우리는 서로를 돌본다. 우리는 문명을 건설한다. 협력할 수 있는 우리의 능력은 환경에 적응하는 데 주요 이점이 되어왔다. 협력하는 능력은 인간이 지구상의 거의 모든 서식지를 식민지로 만들고, 박테리아 정도를 제외하면 다른 어떤 동물들보다 더 많은 기후대에서 살아남아 번성하도록 해주었다.

사회적 종이란 우리가 날마다 사용하는 신체자원을 뇌가 관리하는 방식, 즉 신체예산을 서로서로 조절한다는 뜻이다. 앞에서 살펴보았듯이 아기들의 작은 뇌가 자신과 세계를 연결할 때 양육자가 아기들의 뇌가 이러한 신체자원들을 효율적으로(또는 앞서 얘기한 루마니아의 고아들처럼 잘못된 방식으로) 운영하도록 돕는 것처럼 말이다. 신체예산의 공동 운영과 재배선 작업은 이 작은 뇌들이 자란 뒤에도 오랫동안 지속된다. 우리는 자신도 알지 못하는 사이에 다른 사람들의 신체예산에 에너지를 예치하거나 인출하는 작업을 평생 하게 된다. 물론 다른 사람들도 마찬가지다. 지금도 계속되는

　　　　　　　　　　　　　　　**이토록 뜻밖의 뇌과학**　───

이 비밀 작전은 우리가 삶을 살아가는 방식에 중대한 영향을 끼치며 나름의 장단점을 갖는다.

우리 주변에 있는 사람들이 어떻게 우리의 신체예산에 영향을 끼치고 성인이 된 뇌를 재배선한다는 것일까? 우리 뇌는 새로운 경험을 한 뒤 배선을 변화시킨다는 사실을 기억하자. 우리가 뇌의 가소성이라고 부르는 그 프로세스 말이다. 우리 뇌에 들어 있는 신경세포들의 미세한 부분은 세부조정과 가지치기를 통해 매일 조금씩 변화한다. 예를 들어 나뭇가지처럼 뻗은 수상돌기는 더 무성한 가지를 갖게 되고, 신경연결은 더 효율적이 된다. 이 리모델링 작업을 하려면 신체예산에서 에너지를 갖다 써야 하는데, 예측하는 뇌가 이렇게 많은 인출을 하려면 명분이 필요하다. 한 가지 좋은 명분은 주변 사람들을 상대하면서 이 연결들이 빈번하게 사용된다는 것이다. 우리가 다른 사람들과 상호작용할 때 우리 뇌는 조금씩 세부조정되고 가지치기된다.

어떤 사람의 뇌는 주변 사람들에게 더 세심하게 주의를 기울이고 어떤 사람들은 그러지 않지만, 모든 사람에게는 누군가가 있다. (심지어 사이코패스도 다른 사람에게 의존한다. 참으로 불행한 방식을 사용하긴 하지만.) 궁극적으로 가족·친구·이웃, 심지어 낯선 사람들까지도 우리 뇌 구조와 기능에 기여하며 우리 뇌가 몸을 잘 운영하게끔 돕는다.

이러한 상호조절에는 주목할 만한 효과가 있다. 두 사람이 연인이든 친구든 처음 만난 낯선 사람이든, 한 사람의 몸에 일어난 변화는 종종 다른 사람들의 몸에도 즉각적 변화를 일으킨다. 좋아하는 사람과 함께 있을 때 우리의 심장박동이 상대방의 것과 일치할 수 있듯 호흡도 상대방 호흡에 동기화될 수 있다. 일상적인 대화를 하든 격렬한 논쟁을 벌이든 말이다. 이러한 종류의 신체적 연결은 아기와 양육자 사이, 치료사와 환자 사이, 함께 요가를 하거나 합창단에서 같이 노래하는 사람들 사이에서도 일어난다. 뇌의 안무에 따라 우리는 자신도 알아차리지 못하는 춤을 추면서 상대방의 움직임을 반영한다. 우리 중 하나는 이끌고 다른 사람은 따라 한다. 그리고 때때로 그 역할이 바뀐다. 반대로 좋아하지 않거나 믿지 않는 사람과 함께 할 때 우리 뇌는 상대방의 발을 밟는 댄스 파트너와 같다.

또한 나의 행동이 상대의 신체예산을 조정하기도 한다. 우리가 목소리를 크게 내거나 눈썹을 치켜올리면 다른 사람의 신체 내부에서 일어나는 일, 예컨대 심장박동수나 혈류 내에 흐르는 화학물질 등에 영향을 끼칠 수 있다. 사랑하는 사람이 고통스러워하고 있다면 우리는 단지 손을 잡아주는 것만으로도 고통을 줄여줄 수 있다.

우리가 사회적 종이라는 사실은 우리 호모 사피엔스 모두에게 많은 이점을 제공해준다. 한 가지 이점은 다른 사람들과 긴밀하고 힘이 되어주는 관계를 유지하면 더 오래 산다는 것이다. 사랑하는 관계가 우리에게 좋다는 것은 명백해 보인다. 하지만 연구 결과에 따르면 그 혜택은 우리가 흔히 생각하는 것보다 훨씬 더 크다. 만약 당신과 당신의 파트너가 친밀하고 배려하는 관계에 있고, 서로가 필요로 하는 것에 귀기울인다고 느끼며, 함께할 때 삶이 더 쉽고 즐겁게 여겨진다면 두 사람 모두 병에 걸릴 가능성이 작다. 이미 암이나 심장병 같은 심각한 질병을 앓고 있다면 좋아질 가능성이 크다. 이러한 연구들은 대개 부부들을 대상으로 이루어졌지만, 그 결과는 친밀한 사이의 친구나 반려동물과의 관계에서도 같은 것으로 보인다.

사회적 종의 또 다른 이점은 우리가 신뢰하는 동료 및 관리자와 함께 일할 때 업무를 더 잘 수행한다는 것이다. 어떤 고용주들은 의도적으로 그러한 신뢰를 키워 더 많은 이득을 거둔다. 예를 들어 어떤 회사는 직원들에게 무료 식사를 제공하는데, 이는 복지 차원에서만이 아니라 직원들이 함께 어울리고 브레인스토밍할 수 있도록 장려하기 위해서이기도 하다. 어떤 회사는 직원들이 자기 책상을 떠나서도 협업할 수 있도록 공용 작업공간을 곳곳에 마련해놓는다. 사람들이 신체예산의 부담을 줄이면서 함께 일할 수 있는 환경을 만들면

서로를 더욱 신뢰하고 호흡을 더 잘 맞출 수 있어 새로운 아이디어의 산실이 될 수 있다.

　사회적 종이라는 사실이 대개는 우리에게 혜택을 제공하지만 나쁜 점도 있다. 친밀한 사람과 함께할 때 우리는 더 건강하게 오래 살 수 있지만, 외로움을 지속적으로 느끼면 병에 걸리고 일찍(자료에 따르면 몇 년은 더 일찍) 사망할 가능성이 크다. 신체예산을 조절할 때 다른 사람의 도움을 받지 못하면 우리는 추가 부담을 져야 한다. 친밀했던 누군가를 이별이나 죽음으로 잃고 자신의 일부를 잃은 것처럼 느낀 적이 있는가? 그렇게 느꼈다면 당신이 실제로 자신의 일부를 잃었기 때문이다. 당신은 실제로 신체 시스템의 균형을 유지하는 원천을 잃은 것이다. 시인 앨프리드 테니슨Alfred Tennyson은 유명한 말을 남겼다. "아무도 사랑하지 않는 것보다 사랑하고 잃는 것이 낫다." 신경과학 용어로 말하자면, 이별을 하면 당신은 괴로워서 죽을 것처럼 느낄 수 있지만 외로움은 당신의 죽음을 실제로 앞당길 수 있다. 이것은 감옥에서의 독방 감금, 곧 강요된 외로움이 왜 천천히 이루어지는 사형과 같은지 주장하는 하나의 논거가 된다.

　신체예산을 공유한다는 사실은 공감에도 영향을 끼친다. 우리가 다른 사람에게 공감할 때 우리 뇌는 상대방이 어떻게 생각하고 느끼며 어떤 행동을 할지 예측한다. 상대방과 사이가 가까울수록 우리 뇌는 상대방의 마음고생에 대해 더 효율적으로 예측한다. 마치 상대방의 마음을 읽는 것처럼 전체 과정이 명확하고 자연스럽게 느껴진다. 하지만 한 가지 문제가 있다. 가까운 사이가 아니라면 상대방에게 공감하기가 더 어려울 수 있다는 것이다. 그 사람에 대해 더 많이 배워야 할 수도 있는데, 그러려면 신체예산에서 더 많은 자원을 인출하게 되므로 우리는 불편해질 수 있다.

이것은 때때로 사람들이 자신과 달라 보이거나 다른 신념을 가진 사람들에게 왜 공감하지 못하는지, 그런 경우 공감을 시도하는 것이 왜 불편하게 느껴지는지에 대한 한 가지 이유가 될 수 있다. 뇌가 예측하기 어려운 일을 처리하려면 신진대사 비용이 많이 들어간다. 사람들이 자기의 기존 믿음을 강화해주는 뉴스나 견해들로만 이루어진 이른바 반향실echo chamber에 안주한다는 것은 놀라운 일이 아니다. 그렇게 하면 새로운 것을 배우는 데 따르는 불편함과 신진대사 비용이 줄어든다. 그리고 안타깝게도 사람의 마음을 바꿀 수 있는 무언가를 배울 확률 역시 떨어뜨린다.

인간 외에도 많은 생물이 서로의 신체예산을 조절한다. 개미와 벌을 비롯해 여러 곤충은 페로몬과 같은 화학물질을 사용해 이런 일을 한다. 쥐와 생쥐 같은 포유류는 화학물질을 사용한 후각뿐 아니라 청각과 촉각까지 이용하여 소통한다. 원숭이와 침팬지 같은 영장류는 이에 더해 시각까지 사용해 서로의 신경계를 조절한다. 하지만 인간은 동물계에서도 매우 독특하다고 할 수 있다. 우리는 '말'로 서로를 조절하기 때문이다. 고된 하루 끝에 친구에게서 격려의 말 한마디를 들으면 마음이 진정된다. 위협적인 사람에게서 혐오스러운 말을 들으면 뇌는 위험을 예측하고 다량의 호르몬을 혈류로 보내 신체예산에서 귀중한 자원들을 탕진할 수 있다.

몸에 미치는 언어의 힘은 아주 멀리까지 뻗어나간다. 나는 지금 미국에서 벨기에에 있는 친한 친구에게 사랑한다고 문자를 보내어, 그녀가 내 목소리를 듣지 못하거나 내 얼굴을 볼 수 없다 하더라도 그녀의 심박수와 호흡, 신진대사를 변화시킬 수 있다. 또는 누군가가 당신에게 "당신 집 문은 잠겨 있나요?" 같은 애매한 메시지를 보내면 당신의 신경계에 불쾌한 방식으로 영향을 끼칠 가능성이 크다.

신경계는 단지 거리뿐만 아니라 수세기 전에 일어난 사건에서도 영향을 받을 수 있다. 성경이나 쿠란 같은 고대 문헌에서 위로받은 적이 있다면, 당신은 오래전에 사라진 사람들에게서 신체예산을 지원받은 것이다. 책이나 영상, 팟캐스트는 당신에게 온기를 줄 수도 있고 소름 돋게 할 수도 있다. 이러한 효과는 오래 지속되지 않을 수도 있지만, 연구 결과에 따르면 단순히 말만으로도 우리가 짐작하는 것보다 훨씬 더 물리적인 방식으로 서로의 신경계를 빠르게 변경시킬 수 있다.

우리 연구실에서는 뇌에 영향을 끼치는 언어의 힘을 보여주는 실험[45]을 진행하고 있다. 실험 참가자들은 커다란 뇌 스캐너 안에 누워서 다음과 같은 짧은 상황 설명을 듣는다.

당신은 밤새도록 술을 마시고 집을 향해 운전하고 있습니다. 당신 앞에 펼쳐진 길은 영원히 계속될 것만 같습니다. 잠시 눈을 감습니다. 차가 미끄러지기 시작합니다. 당신은 화들짝 깨어납니다. 핸들이 손에서 미끄러지는 것을 느낍니다.

이 설명을 들을 때 실험 참가자들은 가만히 누워 있는 상태이지만 운동에 관여하는 뇌 영역의 활동이 증가하는 것을 볼 수 있다. 눈을 감았는데도 시각과 관련된 뇌 영역이 활성화되는 것이 보인다. 그리고 가장 경이로운 것은 심박수·호흡·신진대사·면역체계·호르몬은 물론이고, 체내 잡다한 것들을 제어하는 뇌 시스템의 활동이 증가한다는 것이다. 이 모든 변화가 단어들의 의미를 처리하면서 일어난다!

당신이 맞닥뜨리는 말들이 왜 그렇게 당신 내부에 광범위하게 영향을 끼치는 것일까? 그것은 뇌에서 언어를 처리하는 많은 영역이 몸 내부도 제어하기 때문이다.[46] 여기에는 신체예산을 지원하는 주요 기관과 계통들도 포함된다. 과학자들이 '언어 네트워크'라고 부르는 곳에 포함된 이러한 뇌 영역들은 우리의 심박수를 높이거나 낮추도록 안내한다. 또 세포에 연료를 공급하기 위해 혈류로 들어가는 포도당을 조절하며, 면역체계를 지원하는 화학물질의 흐름을 변화시킨다. '말의 힘'은 비유가 아니다. 말의 힘은 당신의 뇌 배선에 있다. 우리는 다른 동물에서도 이와 같은 배선을 본다. 예를 들어 새소리와 관련이 있는 새의 주요 신경세포들은 새의 장기를 제어하는 데에도 관여한다.

그러므로 말은 인체를 조절하는 도구다. 다른 사람의 말은 당신의 뇌 활동과 신체계통에 직접 영향을 끼치고, 당신의 말 역시 타인들에게 똑같은 영향을 끼친다. 그 효과를 의도했든 의도하지 않았든 관계없이 말이다. 그것이 우리가 연결된 방식이다.

이러한 효과는 얼마나 강력할 수 있을까? 예를 들어 말이 건강에 해로울 수 있을까? 조금만 갖고는 그렇지 않다. 누군가가 당신이 싫어하는 말을 하거나 당신을 모욕하거나 심지어 신체적 안전을 위협할 때, 그 순간 신체예산에 부담이 되어 끔찍한 기분이 들 수는 있지만 뇌나 신체에 물리적 손상을 입히지는 않는다. 심장이 뛰고 혈압이 변하고 땀을 흘리는 등의 일이 발생할 수는 있지만, 이후 신체가 회복되면서 뇌는 도리어 좀 더 강해질 수도 있다. 진화는 인간에게 이런 일시적인 대사 변화에 대처하면서 오히려 그로부터 이득을 얻을 수 있는 신경계를 선물했다. 어쩌다 경험하는 스트레스는 운동과 같을 수 있다. 신체예산에서 잠시 인출한 다음 곧바로 채워넣으면 당신은 더 강하고 더 나은 사람이 된다.

그러나 회복할 기회 없이 반복해서 스트레스를 받으면 그 효과는 훨씬 더 심각할 수 있다. 부글부글 끓어오르는 스트레스의 바다에서 끊임없이 고군분투하면서 신체예산이 심각한 적자를 쌓아나가는 것을 만성 스트레스라고 한다. 이는 그 순간 당신을 비참하게 만드는 것 이상의 역할을 한다. 만성 스트레스를 야기하는 것이라면 그것이 무엇이든 시간이 경과하면서 뇌를 조금씩 갉아먹어 몸에 질병을 일으킬 수 있다. 여기에는 신체적 학대, 언어폭력,**47** 따돌림, 심각한 방치 등 인간이 서로를 괴롭히는 수많은 방법이 포함된다.

우리는 뇌가 이러한 만성 스트레스의 다양한 원천을 잘 구별해내지 못한다는 사실을 이해해야 한다. 신체적 질병, 재정적 어려움, 호르몬 급증, 단순한 수면부족이나 운동부족 등으로 신체예산이 이미 고갈되었다면 뇌는 온갖 종류의 스트레스에 더욱 취약해진다. 여기에는 우리 자신이나 우리가 좋아하는 사람들을 위협하거나 괴롭히거나 고통을 주려고 고안해낸 말들의 생물학적 영향도 포함된다. 신체예산에 지속적으로 부담이 가면 평소에는 빨리 회복할 수 있는 일시적 스트레스라도 회복되지 못하고 쌓인다. 마치 아이들이 침대 위에서 뛰어노는 것과 비슷하다. 아이 열 명이 동시에 올라가 뛰어도 괜찮던 침대가 열한 번째 아이가 올라가는 순간 푹 하고 무너져내릴 수 있다.

간단히 말해서 장기간의 만성 스트레스는 인간의 뇌에 해를 끼칠 수 있다.[48] 이에 관한 과학적 연구들은 매우 명확한 결과를 보여준다. 연구에 따르면 모욕과 위협을 지속적으로 받은 사람은 병에 걸릴 가능성이 더 커진다. 과학자들이 아직 이런 일들의 근본적인 메커니즘을 낱낱이 밝혀내지는 못했지만, 이런 일이 일어난다는 것은 분명하다.

이러한 언어적 공격성에 관한 연구는 좌파, 우파, 중도 등 다양한 정치적 스펙트럼에 걸쳐 평균적인 사람들을 대상으로 이루어졌다. (우리는 성향에 상관없이 모두 사회적 동물이다.) 연구에 따르면 사람들이 당신을 모욕한다 해도 한 번이나 두 번, 심지어는 스무 번째까지도 당신의 뇌에 해를 끼치지 않는다. 그러나 몇 달간 지속적으로 언어폭력에 노출되어 신체예산이 계속해서 인출되는 환경에 살고 있다면 말은 실제로 뇌에 물리적 손상을 일으킬 수 있다. 우리가 눈송이처럼 유약해서가 아니라 인간이기 때문이다. 우리의 신경계는 좋든 나쁘든 타인의 행동과 밀접히 연관되어 있다. 그 연구

자료가 무엇을 의미하는지 또는 중요한지 아닌지는 따질 수 있지만, 사실이 그런 걸 어쩌겠는가.

한편 과학자로서는 주목할 만하지만 인간적으로 불안하게 느껴지는 두 가지 연구가 있다. 스트레스가 식사에 끼치는 영향[49]을 측정한 연구들인데, 한 연구에 따르면 식사 전후로 두 시간 안에 사회적 스트레스에 노출되면 몸에서 실제로 섭취한 것보다 104칼로리를 더 섭취한 것처럼 대사가 일어난다. 이런 일이 매일 발생한다면 몸무게가 매년 11파운드(약 5킬로그램)씩 늘어나게 된다! 뿐만 아니라 견과류에 들어 있는 것처럼 건강에 좋은 포화지방을 먹었다고 해도 그날 안에 스트레스를 받으면 나쁜 지방을 잔뜩 먹은 것처럼 신진대사가 일어난다. 그렇다고 내가 지금 스트레스를 받았을 때는 생선 대신 감자튀김을 먹어도 좋다고 공식적으로 얘기하는 것은 아니다. 뭘 먹든 그것은 당신의 양심에 따라 할 일이다. 다만 여기서 하고자 하는 말은 스트레스가 말 그대로 몸무게를 늘릴 수 있다는 것이다.

신경계에 가장 좋은 것은 다른 사람이다. 신경계에 가장 나쁜 것도 다른 사람이다. 이러한 상황은 우리를 인간 조건의 근본적인 딜레마로 인도한다. 우리 뇌가 생명과 건강한 몸을 유지하기 위해서는 다른 사람이 필요하다. 동시에 많은 문화권에서는 개인의 권리와 자유를 매우 중시한다. 이때 의존과 자유는 자연스럽게 충돌하게 마련이다. 그렇다면 생존하기 위해 서로의 신경계를 조절하는 사회적 동물인 우리는 어떻게 개인의 권리를 존중하고 잘 일구어갈 수 있을까?

이 질문에 답하려면 나는 정치라는 바다에 조심스럽게 발을 담그면서 내 하얀 실험실 가운을 약간 느슨하게 해야 한다. 누구에게나 자신이 원하는 것을 거의 모두 말할 수 있다는 것을 의미하는 개인의 자유에 대한 믿음과, 인간이 사회적으로 의존하는 신경계를 가지고 있어서 우리의 말이 타인의 몸과 뇌에 영향을 끼친다는 것을 뜻하는 생물학적 사실 사이에는 실제로 긴장이 존재한다. 이 긴장을 해결하는 방법을 선언하는 것이 과학자가 할 일은 아니다. 그러나 생물학이 진짜임을 보여주고, 사람들이 사회적·정치적 세계의 문제들을 해결하기 위해 노력을 기울이도록 동기를 부여하는 것은 과학자의 임무다. 그래서 나는 이렇게 답한다.

우선, 이 딜레마에 대한 전 세계적 차원의 해결책은 없다. 문화마다 추구하는 가치가 다르기 때문이다. 예를 들어 누군가를 해치겠다고 노골적으로 위협하지 않는 한 미국에서는 혐오 발언이 합법이다. 하지만 어떤 나라에서는 단순한 비판으로도 사형 선고를 받을 수 있다.

더욱이 내 경험에 비추어볼 때 자유와 의존 간의 근본적인 딜레마에 대해서는 해결은커녕 논의조차 어려울 것이다.

미국에서는 당신이 이러한 딜레마를 놓고 대화를 시도하거나 관련 이슈를 간단히 언급하기만 해도 누군가로부터 사회주의자라고 비난받거나 미국 헌법 제1조에 보장된 언론의 자유를 위배한다는 주장을 듣게 될 것이다. 하지만 자유는 정치적 입장을 뛰어넘는 전 세계적인 문제다. 쟁점이 무엇이냐에 따라 차이가 있기는 하지만 누구나 자유를 원한다. 미국에서 총기 소유에 관해 논할 때 보수주의자들은 개인의 자유를 지지하는 경향이 있고, 진보주의자들은 통제권을 옹호하는 경향이 있다. 반면 낙태에 관해 토론할 때는 그 반대가 되어 보수주의자가 통제를 옹호하고 진보주의자는 개인의 자유를 지지하는 경향이 있다.

우리가 가진 딜레마에 대한 이곳 미국의 해결책은 분명 언론의 자유를 '제한하지 않는' 것이다. 어쨌든 역사는 인간이 추구하는 가치대로 살아가기 위해 스스로 생물학적인 면들을 극복한 사례들로 가득 차 있다. 예를 들어 타인이 우리 자신을 아프게 하거나 심지어 죽일 수 있는 세균을 지니고 다닌다 하더라도 아주 끔찍한 경우들에 대해서만 개인의 자유를 제한하도록 법률로 제정한다. 더 일반적인 대응은 협력하고 혁신하는 것이다. 우리는 비누를 만들어내고, 악수하는 대신 팔꿈치를 부딪치며, 새로운 약과 백신을 찾는 등의 일을 한다. 이것이 불충분하다면 전문가들은 우리가 자발적으로 자신을 격려시켜 사회적 거리두기를 실천해야 한다고 말한다. 자유로운 사회에서도 우리의 행동은 바이러스처럼 종종 눈에 보이지 않는 방식으로 서로에게 영향을 끼친다.

적어도 미국에서 이러한 딜레마에 접근하는 좀 더 현실적인 방식은, 자유에는 항상 책임이 따른다는 사실을 깨닫는 것이다. 우리는 자유롭게 말하고 행동할 수 있지만 그 결과로부터 자유롭지는 않다. 우리가 그러한 결과에 대해 신경 쓰지 않거나 그러한 결과가 정당하다는 것에 동의하지 않을 수는 있지만, 그럼에도 우리 모두가 지불해야 할 비용이 따른다.

우리는 당뇨병, 암, 우울증, 심장병, 알츠하이머병과 같이 만성 스트레스로 악화되는 질병들에 대한 의료비를 점점 더 많이 지불하고 있다. 또 정치인들은 미국의 건국자들이 상상했던 합리적 토론이 아니라 상대방에게 헛소리를 토해내고 인신공격을 하느라 정부 예산을 비효율적으로 지출한다. 우리는 민주주의를 약화시키는 교착상태에 대한 비용, 정치적 무게가 실린 주제들에 대해 서로 생산적으로 논의하기 위해 고군분투하는 시민의 비용을 지불한다.

또한 사람들이 지속적으로 스트레스를 받으면 그만큼 잘 배우기 어렵다. 우리는 이로 인해 세계경제에서 혁신이 더뎌지는 데 따르는 비용을 지불한다. 창의력과 혁신은 종종 여러 차례 실패하더라도 이에 굴하지 않고 끈기 있게 다시 시도

하는 것을 의미한다. 이 가외의 노력에는 여분의 에너지가 필요하다. 당신의 뇌는 이미 신체에 사용되는 전체 대사 예산의 20퍼센트를 쓰고 있다. 뇌는 우리 신체에서 가장 '비싼' 기관인 셈이다. 그렇기에 뇌는 삶의 매 순간 어떤 에너지를 언제 쓸지, 언제 저장할지에 관해 경제적 의사결정을 내려야 한다. 우리가 지금까지 신체예산에 적자를 내왔다면 앞을 내다보며 신체예산을 적절히 사용하는 사람이 될 가능성은 줄어든다.

과학자들은 종종 일상생활에 유용한 연구를 하라는 요청을 받는다. 지금까지 설명한 말의 기능과 만성 스트레스 및 질병에 대한 과학적 발견들이 그 성과라 할 수 있다. 사람들이 인간에 대한 기본적 존엄성을 가지고 서로를 대할 때 진정한 생물학적 혜택을 누릴 수 있다. 그러지 않으면 실제로 생물학적 결과가 따르고 결국 모든 사람이 재정적·사회적 비용을 치르게 될 것이다. 개인의 자유에는 타인에게 끼칠 영향에 대한 책임이라는 대가가 따른다. 우리 뇌의 배선이 이를 보증한다.

우리 사회가 의료·법률·공공정책·교육과 관련해 결정을 내릴 때, 우리는 사회의존적인 신경계를 무시할 수도 있고 진지하게 받아들일 수도 있다. 이에 관해 논의하는 일이 어렵긴 하겠지만 회피하면 더 곤란해진다. 인류 고유의 생명 작용이 어디 가지는 않을 테니 말이다.

우리 종족의 상호의존성을 진지하게 고려한다는 것이 권리의 제한을 의미하지는 않는다. 그것은 단순히 우리가 서로에게 어떤 영향을 끼치는지 이해한다는 뜻이다. 우리 한 명 한 명은 타인의 신체예산에서 인출보다는 예치를 더 많이 하는 사람일 수도 있고, 주변 사람들의 건강과 복지를 고갈시키는 사람일 수도 있다.

때로는 다른 사람들이 불쾌해하거나 싫어하는 말을 할 필요가 있다. 민주주의에서 반드시 필요한 일이다. 그러나 이러한 상황에서 단지 말하기만을 원하는가, 아니면 누군가가 당신의 이야기를 듣기를 원하는가? 만약 후자라면 당신의 의견이 어떻게 효과적으로 전달되고 있는지 신경 써야 한다. 듣는 사람의 신체예산에 비추어볼 때 당신의 이야기는 전달하는 형식에 따라 좀 더 쉬워질 수도 어려워질 수도 있다. 우리가 자유롭게 말할 때는 다른 사람들이 잘 듣게 만드는 방식으로 의사소통하는 것이 합리적이다.

사람은 대개 다른 사람들이 재배한 식재료를 먹는다. 많은 사람이 누군가가 지은 집에서 산다. 우리 신경계는 다른 사람들의 보살핌을 받는다. 우리 뇌는 다른 사람들의 뇌와 비밀리에 함께 작동한다. 숨겨진 협력이 우리를 건강하게 해준다. 따라서 우리가 서로를 어떻게 대하는가 하는 것은 아주

실질적인 의미에서, 그리고 뇌의 배선 측면에서 매우 중요하다. 그러므로 우리는 아기들(3강)과 우리 자신을(4강) 우리가 생각하는 것 이상으로 책임져야 할 뿐만 아니라, 우리가 생각하는 (또는 바라는) 것보다 훨씬 더 많이 타인들에게도 책임을 다해야 한다. 좋든 싫든 우리는 자신의 행동과 말을 가지고 주변 사람들의 뇌와 몸에 영향을 끼치고 있으며, 그들도 우리에게 뭔가를 돌려주고 있다.

# 인간의 뇌는 다양한 종류의
## 마음을 만든다

**6** <sub>강</sub>

인간이라는 종을 설명하기 위해 보편적 마음이란 게 필요할까? 문화 차이,
다양한 정신질환, 정상과 비정상의 기준, 젠더 스펙트럼 등이 보여주듯 인간
의 마음에서는 변이가 표준이며, 인간의 본성은 하나가 아니라 다수로 존재
한다.

인도네시아 발리섬 사람들은 두려울 때 잠이 든다.[50] 아니면 적어도 '자기로 되어 있다'.

두려움을 느낄 때 잠든다니 이상해 보일 수 있다. 서양 문화권에서 자란 사람은 공포를 느낄 때 그 자리에 얼어붙고 눈이 커다래진 채 숨을 헐떡거릴 것이다. 형편없는 공포영화에 등장하는 십대 베이비시터처럼 눈을 꼭 감고 비명을 지를 수도 있다. 또는 당신에게 겁을 주는 것으로부터 도망칠 수도 있다. 이러한 행동들은 공포에 대응하는 적절한 행동에 대한 서구식 고정관념이다. 발리에서의 고정관념은 잠드는 것이다.

두려움에 잠드는 마음은 어떤 종류의 마음일까? 당신의 마음과는 종류가 다른 마음일 것이다.

인간의 뇌는 다양한 종류의 마음을 만든다. 나는 그저 당신의 마음이 친구나 이웃의 마음과 다르다고 말하려는 것이 아니다. 기본 특징들이 다른 마음에 관해 이야기하려 한다. 예를 들어 당신이 나처럼 서양 문화권에서 자랐다면 당신의 마음은 생각과 감정이라고 불리는 특징들을 갖고 있으며, 이 두 가지가 근본적으로 서로 다르다고 느낄 것이다. 그러나 발리에서 자란 사람들과 필리핀의 일롱고트 사람들은 서양인들이 인지cognition와 정서emotion라고 부르는 것을 각각 다른 것으로 경험하지 않는다. 우리가 생각과 감정이 뒤죽박죽 섞여 있다고 부르는 것을 그들은 하나로 경험한다. 당신이 이런 종류의 심리적 특성을 상상하기 힘들다고 해도 전혀 문제가 아니다. 당신에게는 그저 발리 사람들이 가진 종류의 마음이 없을 뿐이다.

또 하나의 예를 살펴보자. 서양 사람들의 마음은 흔히 다른 사람들이 무엇을 생각하거나 느끼는지 추측하려고 한다. 이러한 심리적 추론은 우리 문화에서 기본적이고 가치 있는 능력이기 때문에 우리는 이를 잘하지 못하는 사람들을 만났을 때 단순히 다르다고 생각하지 않고 비정상적인 것으로 바라본다. 하지만 어떤 다른 문화권에서는 다른 사람의 마음을 들여다보려는 시도가 불필요한 것으로 여겨진다. 나미비아의 힘바족 사람들은 보통 사람들의 행동 뒤에 숨어 있는 심리적인 것들을 추론하지 않고 서로의 행동을 관찰함으로써 서로를 파악한다. 당신이 미국인을 보고 미소 지으면 그의 뇌는 당신이 자신을 만나서 기뻐한다고 짐작하고 "안녕하세요Hello"라고 말할 거라고 예측할 것이다. 당신이 힘바족 사람에게 미소를 지으면 그의 뇌는 단지 "안녕하세요(힘바족 언어로는 모로moro)"만 예측할 것이다.

단일 문화권 내에서도 우리는 종류가 다른 여러 가지 마음을 발견할 수 있다. 다른 사람의 마음이라면 할 수 없는 계산을 해내는 위대한 수학자들의 마음에 대해 생각해보라. 전 세계를 돌며 기후변화에 대해 강력한 메시지를 던지는 십대 청소년 그레타 툰베리Greta Thunberg의 마음을 생각해보라. 툰베리의 마음은 자폐스펙트럼장애autism spectrum disorder, ASD가 있으며,[51] 그녀는 다른 사람들이 말하려 하지 않는 것들을 이야기한다. 그녀는 자신의 조건을 두고 사람들이 자신의 노력을 비난할 때 사명을 계속하도록 도와주는 "초능력"이라고 부른다.

조현병을 앓아서 심한 환각을 지속적으로 경험하는 사람들에 대해서도 생각해보라. 오늘날 이런 종류의 마음을 가진 사람들은 정신질환자로 간주되지만 수세기 전에는 예언자나 성인으로 불렸을 것이다. 12세기의 학자이자 수녀인 힐데가르트 폰 빙엔Hildegard von Bingen[52]은 천사와 악마들을 보았고, 신으로부터 내려온 것으로 생각되는 육체 없는 목소리들을 들었다.

지금까지 강의를 들어온 사람이라면 이 시점에서 이토록 다양한 마음의 유형을 봐도 놀라지 않을 것이다. 우리는 인류가 단일한 뇌 구조, 곧 하나의 복잡한 네트워크를 갖고 있으며, 각각의 뇌는 주변 환경에 맞추어 세부조정하고 가지치기한다는 것을 배웠다. 우리는 또한 마음과 몸이 강하게 연결되어 있고, 몸과 마음 사이의 경계에는 구멍이 많아 서로 투과한다는 사실도 배웠다. 당신의 뇌에서 일어나는 예측은 당신의 몸이 행동할 수 있도록 준비시키고, 그런 뒤 감각하고 경험하도록 돕는다.

요컨대 특정 문화에서 길러지고 배선된 사람의 몸에 들어 있는 뇌는 특정 종류의 마음을 만들어낸다. 인간의 본성은 하나가 아니라 다수로 존재한다. 당신의 마음은 당신의 뇌와 몸 간의 거래로부터 생겨난다. 그리고 당신의 뇌와 몸은 물리적 세계에 몰두하는 동시에 사회적 세계를 구축하는 다른 몸에 든 뇌들에 둘러싸여 있다.

여기서 명확히 해두자. 나는 인간의 마음이 백지상태blank slate여서 선천적인 것은 하나도 없고 우리 모두 환경이 하라는 대로 되어간다고 말하는 것이 아니다. 이런 마음은 2강에서 살펴본 가상의 뇌 구조, 그러니까 모든 신경세포가 서로 연결된 미트로프 브레인에서 만들어질 법한 종류일 것이다. 나는 또한 사람들이 모든 것을 이미 알고 있는 뇌를 가지고 세상에 태어나며 하나의 보편적 인간 본성이 존재한다고 말하는 것도 아니다. 이런 종류의 마음이란 특정 기능을 담당하는 별개의 뇌 영역들로 구성된 가상의 뇌 구조, 주머니칼 브레인에서 만들어질 법한 것[53]이다. 나는 이 두 가지가 아닌 세 번째 가능성에 관해 설명하고 있다. 우리가 다양한 종류의 마음을 구성하도록 다양한 방법으로 배선될 수 있는 기본 뇌 계획basic brain plan을 갖고 세상에 태어난다는 것이다.

다양성은 종이 생존하는 데 필수이기에 인간으로서는 여러 종류의 마음을 갖는 것이 중요하다. 찰스 다윈의 가장 큰 통찰 중 하나는 변이variation를 자연선택이 작동하기 위한 전제조건으로 보았다[54]는 것이다. 생각해보라. 식량 공급의 급격한 감소나 기온의 급격한 상승과 같이 환경에 막대한 변화가 일어났을 때 변이가 별로 없는 종은 완전히 사라져버릴 수 있다. 다양한 변이를 가진 종은 어떤 종류의 재앙이 닥치더라도 일부 생존자, 곧 새로운 환경에 잘 적응하는 구성원을 남길 확률이 높다.

다윈은 동물들의 몸에서 변이를 관찰했는데 같은 원리를 인간의 마음에도 적용할 수 있다. 우리 모두가 같은 종류의 마음을 가졌다면, 곧 인간의 본성이 단 하나뿐이라면 재난이 닥쳤을 때 우리는 멸종할 수 있다. 고맙게도 우리 종족은 하나의 문화권 안에서 또는 다양한 문화에 걸쳐 여러 종류의 마음을 가진 덕분에 멸종할 가능성이 작다. 이러한 변이는 우리 종의 진화능력을 보존해준다.

비록 변이가 표준이고 또 우리 종에게 축복이라 할지라도, 변이는 사람들을 불안하게 만든다. 인간의 마음에 끊임없이 변화가 일어난다는 생각보다는 하나의 보편적인 인간 본성이 있다는 생각이 훨씬 더 편안하게 다가온다. 그래서 과학자들은 서로 종류가 다른 마음이 있다고 인정하면서도 그 변이를 특정한 범주로 나누어 다루려고 애쓴다. 그들은 깔끔한 작은 상자들에 이름표를 붙이고는 사람들을 분류해 넣는다. 어떤 사람은 성격이 따뜻하다고 분류되고 어떤 사람은 차갑다고 분류된다. 어떤 사람은 더 지배적이며 어떤 사람은 타인을 잘 보살핀다. 어떤 문화는 집단보다 개인을 우선시하는 반면 어떤 문화는 그 반대다. 각 상자는 보편적으로 보이는 마음의 특징을 나타내며 과학자들은 이 상자들을 사용해서 인간 마음의 목록을 작성한다.

당신에 관한 정보를 수집해서 당신을 작은 상자들에 배정하는 성격 검사를 본 적이 있을 것이다. 좋은 예로 마이어스-브릭스 유형 지표Myers-Briggs type indicator, MBTI[55]를 보자. MBTI는 서로 다른 성격 유형으로 분류한 작은 상자 16개에 사람들을 나누어 넣는데, 이를 파악하면 사회생활에서 성공하는 데 도움이 될 것처럼 보인다. 안타깝게도 MBTI의 과학적 타당성은 매우 의심스럽다. 이 검사를 비롯해 이와 유사한 성격 검사들은 일반적으로 자기 자신에 대해 어떻게 생각하는지 묻는 방식으로 작동하는데, 연구에 따르면 일상생활에서의 실제 행동은 이 대답과 거의 관련이 없을 가능성이 크다. 개인적으로 나는 MBTI보다 적은 네 개의 상자만 갖고 있고 훨씬 더 엄밀한 '호그와트 기숙사 배정 검사'를 선호한다(참고로 나는 '래번클로'다).

과학자들은 또한 정상적인 것과 그렇지 않은 것을 분류하여 다양한 마음을 정리하려고 시도한다. 문제는 '정상'이 상대적이라는 것이다. 예를 들어 동성애는 미국정신의학회 American Psychiatric Association가 운영하는 정신장애의 공식 목록에서 오랫동안 심리적 질병으로 분류되었다. 오늘날 많은 사람이 다양한 성적 지향과 성정체성, 젠더를 정상적 변이로 인식한다(여전히 많은 작은 상자로 나누어 성정체성을 분류하려는 시도들이 있지만, 그래도 이제 시작이라고 볼 수 있다).

이 모든 분류와 이름표 붙이기는 인간에게 들어 있는 보편적인 마음의 특징들을 식별해내려는 시도다. 당신과 내가 부에노스아이레스의 농부·도쿄의 상점 주인·나미비아의 힘바족 염소치기 소년과 같은 종에 속한다면, 이 마음들이 어떤 면에서는 비슷해야 할 것이다. 심지어 일부 과학자는 이른바 보편적인 특징이 뇌 어디에 들어 있는지, 해당 뇌 회로들을 찾으려고 한다. 만약 그들이 인간이 아닌 동물의 뇌에서 비슷한 회로를 발견한다면 그 동물도 인간과 같은 해당 심리적 특징을 갖고 있다고 결론 내린다. 그러면 우리가 마치 인간 본성의 진화를 이해하는 데 한 걸음 다가간 것처럼 갑자기 세상이 조금 더 아늑하게 느껴진다.

하지만 앞에서 살펴본 내용들을 통해 명확해진 한 가지 사실이 있다면, 뇌가 어떻게 작동하는지 이해하는 것에 관한 한 상식은 별로 쓸모가 없다는 것이다. 뇌에는 보편적 특징이 많다. 마음은 보편적 특징이 뇌보다는 좀 적은데, 이는 마음이 부분적으로 문화에 의해 세부조정되고 가지치기되는 미세 배선micro-wiring에 달려 있기 때문이다. 예를 들어 서양 문화권에서는 대개 정신적인 것과 육체적인 것 사이에 경계선을 확실하게 둔다. 당신이 배가 아프면 위장병 전문의를 찾아갈 가능성이 크다. 당신이 불안을 느낀다면, 배가 아픈 증상과 그것의 근본이 되는 병리가 똑같다 하더라도 심리학자를 찾을 가능성이 더 크다. 하지만 불교 문화권을 비롯해 일부 동양 문화권에서는 심신이 훨씬 더 통합되어 있다.

내가 아는 한 인간의 마음은 보편적으로 정의할 만한 특징 같은 것이 없다. 풍성한 입말과 같이 인간에게만 해당하는 고유의 정신적 특징을 무엇이든 골라보라. 그러면 당신은 신생아처럼 그것을 갖고 있지 않은 인간을 언제든 찾아낼 수 있다. 아니면 협력과 같이 사실상 모든 인간이 가지고 있는 정신적 특징을 골라보라. 그러면 역시 협력할 줄 아는 수많은 다른 동물이 보일 것이다.

그렇기는 하지만 우리는 여전히 널리 퍼져 있는 정신적 특징들을 발견할 수 있다. 그것들이 보편적이지는 않다고 해도 아주아주 유용하기 때문이다. 한 가지 예가 관계를 맺는 능력이다. 당신이 개인보다 집단을 더 중시하는 문화 속에 살고 있다면 다른 사람들과 관련 지어 자기 자신을 정의하는 마음을 갖는 것이 유용하다. 또한 당신이 집단보다 개인을 더 중시하는 문화에 살고 있다면 다른 사람들과 분리된 마음을 갖는 것이 유용하다. 그러나 자신에게도 다른 사람에게도 신경 쓰지 않는 사람은 어떤 문화에 살든 어려움을 겪을 것이다.

마음에서 특히 유용한 특성이자 우리의 보편적인 정신적 특징에 가장 가까운 것 중 하나는 기분, 곧 몸에서 일어나는 일반적인 느낌이다. 과학자들은 그것을 '정동affect'이라고 부른다. 정동의 느낌은 유쾌한 것부터 불쾌한 것까지, 활성화된 것부터 비활성화된 것까지 있다.[56] 정동은 감정이 아니다. 당신의 뇌는 당신이 감정적이든 아니든, 당신이 그것을 알아차리든 못 알아차리든 관계없이 항상 정동을 만들어낸다.

정동은 당신의 모든 기쁨과 슬픔의 근원이다. 정동은 어떤 것을 심오하게 또는 신성하게 만들고, 또 어떤 것들은 사

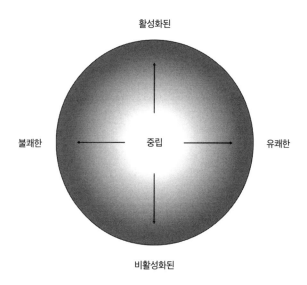

활성화된

불쾌한 중립 유쾌한

비활성화된

**그림 9** | 정동 또는 기분의 속성

소하거나 사악한 것으로 만든다. 당신이 종교적인 사람이라면 정동은 당신이 신과 연결되어 있다는 느낌을 받도록 돕는다. 당신이 영적인 사람이지만 꼭 종교적이지는 않다면 정동은 자신보다 더 큰 무언가의 일부가 되는 것 같은 초월적인 느낌을 불러일으킨다. 당신이 회의론자라면 정동은 다른 사람들이 틀렸다고 확신하도록 당신을 몰아간다.

정동은 어디에서 비롯되는가? 바로 지금 당신이 이 단어들을 읽는 것처럼 매 순간 당신의 장기와 호르몬, 면역계는 감각 데이터의 폭풍을 만들어내고 있으며 당신은 그것을 거의 인식하지 못한다. 심장박동과 호흡은 그것이 강렬하거나 거기에 집중할 때에만 알아차릴 수 있다. 체온이 너무 높거나 낮지 않으면 우리는 체온을 거의 의식하지 않는다. 하지만 뇌는 우리 몸의 다음 행동을 예측하고 신진대사적 욕구가 일어나기 전에 충족시킬 수 있도록 이 데이터 폭풍으로부터 지속해서 의미를 만들어낸다. 당신 안에서 이루어지는 이 모든 활동 가운데 뭔가 기적적인 일이 일어난다. 당신의 뇌는 매 순간 당신의 몸에 무슨 일이 일어나고 있는지 요약하고, 당신은 그 요약을 정동으로 느낀다.

정동은 당신이 어떻게 하고 있는지 알려주는 바로미터 barometer와 같다. 당신의 뇌는 끊임없이 신체를 위한 예산을 운영한다는 사실을 기억하라. 정동은 당신의 신체예산이 균형을 이루고 있는지 아니면 적자인지 암시해준다. 이상적으로라면 진화는 우리의 신체예산을 정확하게 조절할 수 있는 앱이나 스마트워치[57] 같은 것을 체내에 만들어주었을 것이다. 그랬다면 당신은 아마 이런 소리를 들을 수 있었을 것이다. "삐이! 포도당이 떨어지고 있습니다. 사과 한 개나 초콜릿 한 조각을 드세요. 그리고 당신은 어젯밤에 잠을 충분히 자지 못해서 지금 도파민이라는 뇌 화학물질이 부족합니다. 커피 한 잔, 기왕이면 약간의 크림을 곁들인 다크로스팅 커피를 마심으로써 내일의 에너지를 좀 빌려와 오늘 나머지 시간들을 보내십시오." 하지만 불행히도 정동은 그렇게 정확하지 않다. 정동은 당신에게 다만 이렇게 말할 뿐이다. "삐이! 기분이 정말 엉망진창이군요." 그러면 당신의 뇌는 당신을 살리고 건강을 지키기 위해 다음에 무엇을 할지 예측해야 한다.

뇌가 하는 신체예산 활동이 어떻게 정동으로 변형되는지, 다시 말해 신체적인 것이 어떻게 정신적인 것으로 변형되는지 알아내기 위해 과학자들은 지금도 애쓰고 있다. 우리 연구실을 포함해 세계 곳곳에 있는 실험실에서 이루어진 수백 건의 연구를 통해 이런 일이 일어난다는 것을 관찰했지만, 신체 신호가 정신적 느낌으로 전환되는 것은 여전히 의식consciousness의 위대한 미스터리 중 하나다. 그것은 또한 우리 몸이 우리 마음의 일부라는 것을 거듭 확인시켜준다. 그것도 뭔가 얄팍한 신비주의적인 방법이 아니라 탄탄한 생물학적 방법을 통해서 말이다.

모든 인간의 문화가 쾌감과 불쾌감, 평온함과 동요를 느끼는 마음들을 만들어낸다고 하더라도 무엇이 우리에게 이렇게 느끼게 하는가는 사람마다 차이가 있다. 어떤 사람은 부드럽게 만져주는 것을 좋다고 느끼고, 어떤 사람은 똑같은 손길도 참을 수 없다고 느낀다. 또 어떤 이는 힘껏 때려주는 것을 좋아하기도 한다. 여기서도 마찬가지로 서로 다른 특성들이 존재하는 게 정상이다. 뇌가 신체를 조절하기 위해 하는 일은 보편적일 수 있지만 그 결과로 나타나는 정신적 경험들은 그렇지 않다.

당신의 마음은 여러 종류의 마음 중 하나일 뿐이며 당신이 가진 마음에 매여 있지도 않다. 당신은 마음을 바꿀 수 있다. 사람들은 항상 그렇게 한다. 대학생들은 카페인이나 암페타민을 사용하여 기말시험 전날 밤을 새울 수 있는 마음을 만들어낸다. 파티 참석자들은 술을 마셔서 딱딱한 사회적 상황에서 좀 더 느긋하고 덜 어색해하는 마음을 만들어낸다(그러면 기적적으로 주변 사람들이 갑자기 훨씬 더 매력적으로 느껴진다). 이러한 화학적 조정은 잠깐 동안만 지속된다. 더 오래 지속되도록 조정하려면, 앞에서 우리가 살펴보았듯이, 새로운 경험을 하거나 새로운 것들을 배워 뇌를 재배선할 수 있다.

마음을 변경하는 더욱 도전적인 방법은 그 마음을 다른 문화로 옮기는 것이다. 시골 쥐와 도시 쥐 이야기를 들어본 적이 있거나 마크 트웨인Mark Twain의 《왕자와 거지The Prince and the Pauper》를 읽었거나 〈사랑도 통역이 되나요?Lost in Translation〉 같은 영화를 본 적이 있다면 어떤 일이 일어날지 알 수 있을 것이다. 이 작품들의 등장인물은 자신이 어떻게 행동해야 하는지 모를 정도로 몹시 낯선 문화에 던져진다.

당신이 가장 기본적인 것조차 알지 못하는 어떤 문화와 맞닥뜨렸다고 한번 상상해보라. 그 사회에서 용인되는 인사법이나 사람들을 바라보는 방법은 어떤 것인가? 무례하게 굴지 않으면서 다른 사람들에게 가까이 다가가는 것이 어디까지 허용되는가? 낯선 손짓과 얼굴의 움직임은 무엇을 의미하는가? 당신의 마음은 새로운 문화에 적응해야 한다. 과학자들은 이 활동을 '문화적응acculturation'이라고 부르며, 이는 가소성의 극단적인 형태와 같다. 당신은 갑작스럽게 새롭고 모호한 감각 데이터 속에서 헤엄치게 되었고, 당신의 뇌는 무엇을 해야 할지 효율적으로 추측할 수 있도록 스스로 세부조정하고 가지치기해야 한다.

문화적응은 정말 어려울 수 있다. 사람들이 길 반대편에서 운전하는 나라를 방문한 적이 있다면 문화적응에 따르는 심리적 어려움이 어떤 것인지 바로 알 것이다. 무엇이 음식인지 아닌지에 대한 간단한 질문조차도 새로운 문화에서는 모험이 될 수 있다. 식탁에 앉아서 난생처음으로 삶은 양 머리가 통으로 나오는 것을 본다거나 그릇에 가득 담긴 애벌레, 그게 아니면 다행스럽게도 트윙키가 나오는 것을 상상해보라. 한 문화의 음식이 종종 다른 문화에서는 못 먹는 것이 된다.

문화적응이 꼭 지리적 경계를 넘을 때만 일어나지는 않는다. 직장생활과 가정생활을 오가면서 당신의 문화는 반복해서 바뀐다. 직업을 바꾸거나 새로운 직장에서 사용되는 다양한 규범과 전문용어들을 배워야 할 때도 문화가 바뀐다. 군인의 경우라면 군대에 입대할 때와 복무를 마치고 집으로 돌아올 때, 최소 두 번은 문화적응을 해내야 한다.

뇌는 신체예산을 관리하기 위해 지속해서 예측을 해내며, 이러한 예측이 현재 당신의 문화와 일치하지 않는다면 당신의 신체예산은 적자를 누적해 병에 걸리기 더 쉬워진다. 특히 이민자의 자녀들은 문화적응을 위해 신체예산을 많이 쓴다. 그들은 부모의 문화와 새로운 문화, 두 가지 문화에 속해 있으며 두 종류의 마음 사이를 왔다 갔다 해야 하기 때문이다.

어떤 종류의 마음도 다른 어떤 마음보다 본질적으로 더 낮거나 나쁘지 않다. 다만 환경에 더 잘 적응한 변이가 있을 뿐이다.

인간의 마음에 관한 한 변이가 있는 것이 정상이다. 우리가 '인간의 본성'이라고 부르는 것은 정말 다수의 인간 본성을 말한다. 하나의 보편적인 마음이 있어야 인간이 하나의 종이라고 주장할 수 있는 것은 아니다. 우리에게 필요한 것은 물리적 환경과 사회적 환경에 스스로를 연결시키는 매우 복잡한 두뇌뿐이다.

# 인간의 뇌는 현실을 만들어낸다

# 7

우리는 뇌가 인간 고유의 '다섯 가지 C' 능력 세트로 만들어낸 사회적 현실에 살고 있다. 강력하지만 잘 변하고 조작에 취약한 사회적 현실은 인류의 업적이자 무기인 동시에 커다란 책임이다.

우리 삶의 대부분은 만들어진 세상에서 일어난다. 우리는 사람들이 이름 붙이고 경계 지어놓은 도시나 마을에서 살고 있다. 주소에는 사람들이 만든 문자와 기호들이 들어간다. 이 책을 포함하여 모든 책에 들어 있는 단어들은 만들어진 상징을 사용한다. 당신은 '돈'이라고 불리는 종이나 금속, 플라스틱 같은 것으로 책이나 다른 물건들을 살 수 있다. 돈 역시 완전히 만들어낸 것이다. 때때로 돈은 컴퓨터 서버 간의 케이블을 따라 흐르거나 와이파이 네트워크를 통해 전자기파처럼 공중을 이동한다. 심지어 당신은 보이지 않는 돈으로 보이지 않는 것들을 살 수도 있다. 예를 들자면 비행기에 남들보다 먼저 탑승할 권리라든가 다른 사람이 당신을 시중들게 하는 특권 같은 것 말이다.

당신은 날마다 이 만들어진 세상에 적극적으로 기꺼이 참여한다. 그것은 당신에게는 진짜다. 다른 사람이 만들어준 당신의 이름만큼이나 진짜다.

우리는 모두 인간의 뇌 속에만 존재하는 사회적 현실의

세계에 살고 있다. 당신이 지금 미국을 뒤로하고 캐나다로 들어서는 중인지, 저 드넓은 바다에서 조업을 해도 되는지 안 되는지, 또는 태양 둘레를 도는 지구 궤도의 한 부분을 '1월'이라고 부를지 등을 결정하는 일은 물리학이나 화학으로 할 수 없다. 하지만 어쨌든 이러한 것들은 우리에게 진짜다. '사회적' 실재다.

바위와 나무, 사막과 바다가 있는 지구 자체는 물리적 현실이다. 사회적 현실이란 우리가 물리적인 것에 집단적으로 새로운 기능을 부과하는 것을 뜻한다. 예를 들어 우리는 지표면의 어느 한 덩어리가 '국가'라는 것에 동의하고, 특정한 사람이 대통령이나 여왕처럼 '지도자'라는 것에 동의한다.

사람들이 그저 마음을 바꾸기만 해도 사회적 현실은 순간 드라마틱하게 바뀔 수 있다. 예를 들어 1776년에는 13개의 영국 식민지가 사라지면서 미국으로 대체되었다. 사회적 현실의 세계도 매우 심각하다. 중동에서는 토지의 한 구획이 이스라엘인지 팔레스타인인지를 놓고 동의가 되지 않아 사람들이 서로를 죽이기까지 한다. 우리가 사회적 현실의 사실들에 대해 노골적으로 논하지 않는다 하더라도 우리의 행동은 그것을 현실로 만든다.

사회적 현실과 물리적 현실의 경계에는 구멍이 많아서**58** 서로 넘나든다. 과학적 실험을 통해 이를 입증할 수 있다. 연구에 따르면 사람들이 비싸다고 생각할 때 와인은 더 좋은 맛을 낸다. 친환경 라벨이 붙은 커피는 라벨이 없는 똑같은 커피보다 더 좋은 맛을 낸다. 사회적 현실에 깊이 빠져 있는 우리 뇌의 예측은 먹고 마시는 것을 인식하는 방법을 바꿔버린다.

우리는 인간의 뇌를 가지고 있으므로 크게 노력하지 않고도 다른 사람들과 사회적 현실을 만들 수 있다. 우리가 아는 한 다른 동물의 뇌는 그렇게 할 수 없다. 사회적 현실은 인간만의 독특한 능력이다. 과학자들은 우리의 뇌가 어떻게 이런 능력을 발달시켰는지 확실히 알지는 못한다. 하지만 우리는 이것이 내가 '다섯 가지 C'라고 부르는 능력 세트**59**와 관련이 있는 것이 아닐까 추측하고 있다. 바로 창의성creativity, 의사소통communication, 모방copying, 협력cooperation, 그리고 압축compression이다.

첫째, 우리에게는 '창의적인' 뇌가 필요하다. 우리에게 예술과 음악을 만들게 해주는 바로 그 창의력을 가지고 우리는 흙바닥에 선을 긋고 그것을 한 나라의 국경이라고 부른다. 이 행위를 통해 우리는 사회적 현실(국가들)을 만들고, 그에 해당하는 토지 영역에 시민권이나 이민같이 물리적 세계에 존재하지 않는 새로운 기능을 부과한다. 다음번에 세관을 통과할 때, 또는 한 마을을 떠나 다른 마을에 들어갈 때 이에 대해 한번 생각해보라. 경계들은 만들어진 것이다.

둘째, '국가'와 '국경' 같은 아이디어를 공유하기 위해 다른 뇌와 효율적으로 '의사소통하는' 뇌가 필요하다. 의사소통을 효율적으로 하려면 대개 언어가 필요하다. 예를 들어 내가 당신에게 기름 좀 넣어야겠다고 말할 때, 나는 지금 내 몸이 아니라 자동차에 관해 이야기하는 것이며 곧 주유소로 운전해 가서 차에서 내린 다음 카드를 건네어 결제하는 등등의 일을 할 거라고 장황하게 설명할 필요가 없다. 내 뇌가 이러한 특징들을 떠올리고 당신의 뇌도 그렇게 하면서 효율적으로 의사소통한다. 엄밀히 말하면 작은 규모의 사회적 현실에는 말이 필요하지 않다. 당신의 차와 내 차가 교차로에서 만났고 내가 먼저 가라고 손을 흔들면 당신도 내 손의 움직임을 보고 그 의미를 추측한다. 그리고 앞으로는 당신도 나처럼 손을 흔들어 신호를 보낼 것이다. 하지만 사회적 현실이 확장되고 지속되려면 일반적으로 다른 상징보다는 언어가 더 효율적이다. 말을 사용하지 않은 채 한 나라의 교통법규를 가르쳐서 수립하려 한다고 상상해보라.

셋째, 우리는 조화로운 삶을 위한 법과 규범을 확립하기 위해 서로를 확실히 '모방'함으로써 배워나가는 뇌가 필요하다. 우리는 어린 뇌들을 세상과 연결시키면서 아이들에게 이런 규범들을 가르친다. 신참들에게 이런 것들을 가르치는 것은 일상적인 상호작용을 원활하게 하기 위해서만이 아니라 신참들이 살아남도록 돕기 위한 것이기도 하다. 나는 사람이 살기 힘든 오지로 모험을 떠났다가 그중 다수가 죽은 1800년 대 탐험가들[60]에 관한 이야기를 읽은 적이 있다. 이들 중 살아남은 탐험가는 그 지역의 원주민들과 가까이 지낸 사람들이었다. 원주민들은 그들에게 무엇을 먹어야 하는지, 음식은 어떻게 마련하는지, 무엇을 입어야 하는지는 물론이고 낯선 기후에서 생존하기 위한 온갖 비결을 가르쳤다. 모든 사람이 모방 없이 모든 것을 스스로 알아내야만 했다면 인간이라는 종은 이미 멸종했을 것이다.

넷째, 광대한 지리적 규모로 '협력'하는 뇌가 필요하다. 콩 통조림 한 캔을 꺼내기 위해 주방 찬장에 손을 뻗는 것과 같은 가장 평범한 행동조차도 다른 사람들 덕분에 가능한 것이다. 아마도 수천 킬로미터 떨어진 곳에서 누군가는 그 콩을 심고 물을 주었을 것이다. 어떤 사람들은 캔을 만들 금속을 채굴했다. 또 어떤 사람들은 오래전에 죽은 다른 사람들이 발명해낸 기술과 도구들을 사용해 누군가가 나무와 못, 벽돌로 힘들여 지은 상점으로 콩을 운반했다. 또한 다른 사람들로 이루어진 정부가 만든 돈으로 당신은 통조림을 결제하고 사왔다. 공유된 사회적 현실 덕분에 이 사람들 수천 명이 제때, 제곳에 있을 수 있고, 그리하여 당신은 콩 통조림으로 저녁식사

이토록 뜻밖의 뇌과학

를 만들 수 있는 것이다.

다섯 가지 C 중 네 개인 창의성, 의사소통, 모방, 협력은 우리 종에게 크고 복잡한 뇌를 부여한 유전적 변화들과 함께 발달했다. 하지만 커다란 뇌와 높은 복잡성을 가졌다고 해서 사회적 현실을 만들고 유지하기에 충분한 것은 아니다. 다섯 번째 C에 해당하는 '압축'이 필요하다.[61] 압축이란 다른 동물의 뇌에서는 발견되지 않는 복잡한 능력이다. 먼저 한 가지 비유를 들어 압축에 관해 설명해보겠다.

당신이 증인을 신문해 범죄를 수사하는 형사라고 상상해보라. 당신이 증인 스무 명을 모두 신문할 때까지 한 명의 이야기를 듣고 그다음 증인의 이야기를 듣는 일이 계속된다. 이야기들 가운데에는 일부 유사점이 있다. 누가 관련되었는지, 그리고 어디에서 범죄가 일어났는지는 동일하다. 이야기들에는 또한 차이가 존재한다. 누구에게 잘못이 있는지 또는 도주 차량이 무슨 색이었는지 같은 것들 말이다. 당신은 나중에 경찰서장이 무슨 일이 있었는지 물어봤을 때, 이 이야기 모음에서 반복되는 부분을 줄여 사건이 어떻게 발생했을지 요약해 효율적으로 전달할 수 있다.

뇌의 신경세포들 사이에서도 비슷한 일이 발생한다. 당신에게는 하나의 커다란 신경세포(형사)가 있어서 다양한 속도로 일제히 발화하는 무수한 작은 신경세포들(증인들)로부터 신호들을 수신한다. 큰 신경세포는 작은 신경세포들로부터 오는 모든 신호를 나타내지 않는다. 중복되는 것을 줄임으로써 그것들을 요약, 달리 말하면 압축한다. 압축이 이루어지고 나면 그 커다란 신경세포는 다른 신경세포에게 압축된 내용을 효율적으로 전달할 수 있다.

이러한 신경 압축 프로세스는 뇌 곳곳에서 엄청난 규모로 일어난다. 대뇌피질에서 압축은 눈, 귀, 그리고 다른 감각기관으로부터 감각 데이터[62]를 나르는 작은 신경세포들에서 시작된다. 이 데이터 중 어떤 것들은 이미 뇌가 예측했을 수 있고, 또 어떤 것은 새로울 수 있다. 새로운 감각 데이터는 작은 신경세포들에 의해 크고 잘 연결된 신경세포들로 옮겨져 압축되어 요약을 만들기 시작한다. 이렇게 요약된 내용은 더 크고 더 잘 연결된 신경세포로 전달되어 다시 압축된 뒤 그보다 훨씬 더 크고 더욱 고도로 연결된 신경세포로 전달된다. 이 프로세스는 배선이 빽빽하게 들어찬 뇌 앞부분에 이를 때까지 이어지는데, 이곳에서는 가장 크고 가장 많이 연결된 신경세포들이 가장 일반화되고 가장 압축된 요약을 생성해낸다.

좋다. 우리 두뇌는 요약을 요약하고 또 요약해서 커다랗고 뚱뚱하게 압축된 요약을 만들어낼 수 있다. 그런데 이것이 사회적 현실과 무슨 관련이 있을까? 이에 대해 살펴보자. 압축은 당신의 뇌가 '추상적으로' 생각할 수 있게 한다.[63] 그리

뇌의 뒤:

작은 신경세포들,
적은 연결,
감각적 세부사항들을 표현

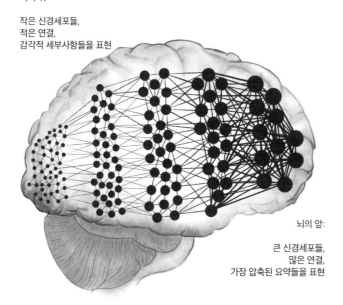

뇌의 앞:

큰 신경세포들,
많은 연결,
가장 압축된 요약들을 표현

**그림 10** | 추상화를 가능하게 하는 뇌의 압축
(이 그림은 개념적인 것이지 해부학적으로 정확한 것은 아니다.)

고 추상화*abstraction*는 나머지 다섯 가지 C와 함께 당신의 크고 복잡한 뇌가 사회적 현실을 창조할 수 있도록 한다.

사람들이 얘기하는 추상화는 '피카소의 그림을 보고 입방체들 속에서 얼굴을 찾을 수 있는가' 하는 것처럼 대개 추상예술 같은 것을 가리킨다. 아니면 대수학*algebra*을 사용해 대상을 축으로 회전시키는 것과 같은 추상 수학을 의미한다. 그것도 아니면 숫자를 나타내기 위해 종이에 구불구불한 선을 그리거나 한 달에 얼마나 썼는지 나타내기 위해 세로로 숫자를 적어가는 것처럼 추상적인 상징을 뜻한다.

하지만 심리학에서 추상화라고 할 때는 다른 것에 초점을 맞춘다. 그림이나 상징들의 세부사항에 관한 것이 아니라 그것들에서 의미를 인식하는 우리 능력을 말한다. 특히 우리에게는 물리적 형태뿐만 아니라 기능적 측면에서 사물을 볼 수 있는 능력이 있다. 추상화를 사용하면 와인 한 병, 꽃다발, 금시계처럼 전혀 비슷하지 않은 것들을 보면서 이들을 모두 '성취해낸 것을 축하하는 선물들'로 이해할 수 있다. 뇌는 이러한 물건들에서 물리적 차이들을 압축해내고, 이 프로세스를 거치면서 우리는 그 물건들에 유사한 기능이 있음을 이해한다.

추상화는 또한 하나의 물리적 대상에 여러 가지 기능을 부과할 수도 있다. 와인 한 잔은 한편으로 친구들이 "축하해!"라고 외칠 때를 뜻하기도 하지만, 성직자가 "그리스도의 피"라고 읊조릴 때에 쓰는 것이기도 하다.

추상화가 작동하는 방식은 다음과 같다. 모든 감각으로부터 들어오는 데이터를 압축할 때 뇌는 그것들을 응집력 있는 하나의 전체로 통합한다. 앞에서 우리가 감각통합이라고 불렀던 활동이다. 신경세포 중 하나가 입력자극들을 압축해 요약을 만들어낼 때마다 그 다중감각적 요약multisensory summary 은 입력자극들의 추상화가 된다. 뇌의 앞부분에서 가장 크고 가장 많이 연결된 신경세포들이 가장 추상적이고 다중감각적인 요약을 만들어낸다. 이로 인해 우리는 꽃다발과 금시계 같은 이질적인 물건을 비슷하게 볼 수 있고, 똑같은 와인 한 잔을 기념하기 위한 것으로도 신성한 것으로도 볼 수 있다.

나는 2강에서 당신은 매우 복잡한 두뇌를 가지고 있지만 높은 복잡성만으로는 인간의 마음을 만들기에 충분하지 않다고 말했다. 복잡성은 익숙하지 않은 계단을 오르는 데는 도움이 될 수 있지만, 권력과 영향력을 얻기 위해 사회적 사다리를 오른다는 개념을 이해하려면 더 많은 것이 필요하다. 바로 추상화가 또 다른 필수 요소에 해당한다. 추상화는 당신의 뇌가 과거 경험의 일부를 요약하여 물리적으로 서로 다른 것들이 다른 방식으로 보면 유사할 수 있음을 이해하게 한다. 추상화는 머리카락 자리에 뱀들이 달린 여자처럼 난생처음

보는 것을 인식하는 능력을 제공한다. 당신(그리고 고대 그리스인)은 진짜 메두사를 본 적이 없더라도 메두사의 그림을 보고 그녀가 무엇인지 즉시 이해할 수 있다. 왜냐하면 우리 뇌는 여자와 흐트러진 머리, 미끄러지는 뱀, 그리고 위험처럼 친숙한 아이디어들을 하나의 일관된 심리적 이미지로 기적처럼 조합해낼 수 있기 때문이다. 또한 추상화는 우리 뇌가 소리를 단어로, 단어를 아이디어로 조합하도록 해서 우리가 언어를 배울 수 있게 해준다.

지금까지의 내용을 간단히 정리해보자. 대뇌피질의 배선은 압축을 가능하게 한다. 압축은 감각통합을 가능하게 한다. 그리고 감각통합은 추상화를 가능하게 한다. 추상화는 매우 복잡한 우리 뇌가 물리적 형태가 아닌 사물의 기능을 기반으로 유연한 예측을 내놓을 수 있게 한다. 그것이 창의성이다. 당신은 그리고 의사소통, 협력, 모방을 통해 이러한 예측을 공유할 수 있다. 이것이 다섯 가지 C가 인간의 뇌에게 사회적 현실을 만들고 공유하게 만드는 방법이다.

다섯 가지 C는 다른 동물에서도 다양한 수준으로 발견된다. 예를 들어 까마귀는 나뭇가지를 도구로 사용하는 창의적인 문제 해결사다. 코끼리는 수 킬로미터 떨어진 거리에서도 들을 수 있는 낮은 소리로 의사소통한다. 고래는 서로의 노래를 모방한다. 개미들은 먹이를 찾고 둥지를 보호하기 위해 서로 협력한다. 꿀벌은 같은 벌집에 사는 벌들에게 꿀을 어디에서 찾을 수 있는지 알려주기 위해 엉덩이를 흔들면서 추상화를 사용한다.

하지만 인간에게서 다섯 가지 C는 서로 얽히고 강화되어**64** 이 다섯 가지를 완전히 다른 수준으로 넘어가게 한다. 명금songbird은 다 자란 명금 교사들로부터 노래를 배운다. 인간은 노래하는 방법뿐 아니라 휴일에는 어떤 노래가 적합한지처럼 노래와 관련된 사회적 현실까지 배운다. 미어캣은 반쯤 죽은 먹이를 가져와서 새끼들에게 죽이는 법을 가르친다. 인간은 죽이는 것뿐만 아니라 우발적 살인과 고의적 살인의 차이 또한 배우고, 각각에 대해 다른 법적 처벌을 만든다. 쥐는 맛있는 음식을 냄새로 표시해 먹어도 안전한 음식임을 서로에게 가르친다. 우리는 무엇을 먹을지뿐만 아니라 우리 문화에서 어떤 음식이 메인 코스 또는 디저트인지, 각각 어떤 그릇을 사용해야 하는지도 배운다.

개, 유인원, 일부 조류 같은 동물들도 신호를 어느 정도 압축하는 뇌를 가지고 있어서 어느 정도까지는 사물을 추상적으로 이해할 수 있다. 그러나 우리가 아는 한 인간은 사회적 현실을 창조하는 압축과 추상화 능력을 충분히 보유한 뇌를 가진 유일한 동물이다. 개도 잔디밭의 특정 구역을 인간과 노는 곳으로 정한다든지, 집 안에서 배변을 하면 안 된다는 것과 같은 사회적 규칙들을 습득할 수 있다. 그러나 개의 뇌는 인간의 뇌가 사회적 현실을 만들기 위해 말로 개념을 전달하는 것처럼 이러한 개념들에 대해 다른 개의 뇌와 효율적으로 의사소통할 수 없다. 침팬지는 흰개미 구멍에 막대기를 찔러 맛있는 간식을 꺼내는 것과 같은 관행을 서로 관찰하고 모방할 수 있지만, 이 학습은 막대기가 흰개미 구멍에 잘 들어맞는다는 물리적 현실에 기반한다. 이것은 사회적 현실이 아니다. 만일 침팬지 무리가 땅에서 특정 막대기를 뽑는 침팬지가 정글의 왕이 된다는 데 동의한다면 그것은 막대기에 물리적인 것을 넘어서 최고 권력의 기능을 부과[65]하기 때문에 사회적 현실이 될 것이다.

대다수 동물은 엘크elk의 뿔이나 개미핥기의 혀와 같이 적소에서 그들을 스페셜리스트specialist로 만드는 진화적 적응을 해왔다. 하지만 인간은 제너럴리스트generalist로 진화했다. 진화는 우리가 의지대로 세상을 흔들게 만드는 묘약에 다섯 가지 C를 섞어 넣었다. 모든 동물의 뇌는 자신의 안녕과 생존에 관련된 물리적 환경에만 주의를 기울이고 그 밖의 것들은 무시한다. 하지만 인간은 적소를 만들기 위해 물리적 세계로부터 뭔가를 고르기만 하지 않는다. 우리는 물리적 세계에 새로운 기능들을 집단적으로 보태어 그것에 따라 살아간다. 사회적 현실은 인간의 적소 건설이라 할 수 있다.

사회적 현실은 놀라운 선물이다. 인간은 밈meme이나 전통, 법 같은 것들을 간단히 만들어낼 수 있으며, 다른 사람들이 그것을 진짜로 여기게 되면 그것이 현실이 된다. 우리의 사회적 세계는 물리적 세계를 둘러싼 완충장치다. 작가 린다 배리Lynda Barry의 명언처럼 "우리가 판타지 세계를 만드는 것은 현실을 회피하기 위해서가 아니라 현실에 머무르기 위해서다".**66**

사회적 현실은 또한 커다란 책임을 동반한다. 사회적 현실은 너무 강력해서 우리 유전자의 진화 속도와 과정을 바꿀 수 있다. 한 가지 사례는 루마니아 고아원의 비극이다. 루마니아 정부의 규칙은 유전자 풀gene pool에서 사실상 제거된 한 세대를 만들어냈다. 또 다른 예는 과거 중국의 한 자녀 정책이다. 이 정책은 딸보다 아들을 중시하는 문화에서 여성보다 남성 후손을 더 많이 낳게 해서 결과적으로 중국 여성과 결혼할 수 없는 중국 남성을 수백만 명이나 만들어냈다. 이러한 종류의 인위도태artificial selection는 부, 사회계급, 전쟁이 한 집단에 비해 다른 집단에 힘을 실어주는 모든 사회에서 발생한다. 이는 특정 사람들이 자녀를 출산할 확률을 바꾼다. 사회적 현실은 인간들이 창의적인 아이디어를 그저 공유만 할 때도 인간의 진화 경로를 변화시킨다. 예를 들면 화석연료를 연소시키는 기술 같은 것은 결과적으로 인간이 더 통제하기 어러운 물리적 세계를 만들어냈다.

사회적 현실에서 정말 놀라운 점은 우리가 그것을 만든다는 사실을 종종 깨닫지 못한다는 것이다. 인간의 뇌는 자신을 오해하고 사회적 현실을 물리적 현실로 착각해 온갖 문제를 일으킬 수 있다. 예를 들어 인간은 모든 동물 종처럼 엄청나게 다양하다. 하지만 동물 왕국의 다른 부분들과 달리 우리는 이 변이들을 인종, 성별, 국적처럼 작은 상자들에 이름표를 붙여 정리해 넣는다. 이러한 이름표가 붙은 상자들은 사실상 우리가 만든 것임에도 불구하고 마치 자연의 일부인 것처럼 취급한다. 내가 말하려는 것은 바로 이것이다. 이를테면 '인종'이라는 개념에는 종종 피부색과 같은 신체적 특성들[67]이 포함된다. 하지만 피부색이라는 요소는 개별적으로 존재하지 않는 연속체이며, 색조 한 세트와 다른 세트 사이의 경계는 한 사회의 사람들에 의해 세워지고 유지된다. 어떤 이들은 유전학에 호소해 그 경계를 정당화하려고 애쓰기도 한다. 하지만 피부색이 유전자에 크게 영향을 받는 것이 사실인 것처럼 눈 색깔, 귀 크기, 발톱의 곡률 또한 마찬가지다.

하나의 문화로서 우리는 차별에 필요한 특성들을 선택하고 '우리'라는 집단과 '그들'이라는 집단 사이의 차이를 증폭시키는 구분선을 그린다. 이 선들이 무작위로 그려진 것은 아니지만 생물학에 따라 정해진 것도 아니다. 그리고 선들이 그려지고 나면 사람들은 피부색을 마치 다른 무언가의 상징처럼 취급한다. 그것이 사회적 현실이다.

당신의 일상적인 행동들로 사회적 현실이 유지된다. 우리가 반짝이는 다이아몬드를 가치 있는 것으로 대할 때마다, 유명인사를 우상화할 때마다, 선거에서 투표할 때마다 또는 투표하지 '않을' 때마다 사회적 현실은 유지된다. 우리의 행동은 또한 사회적 현실을 바꿀 수도 있다. 때로는 집단이 아닌 한 사람을 지칭하는 데 대명사 그들they을 사용하는 것처럼 상대적으로 작은 변화들도 있다. 반면 수년간의 전쟁과 대량학살로 이어진 구 유고슬라비아의 해체나, 멋진 정장을 차려입은 사람들이 부동산 담보가치가 하락했다고 판단해 포기해버림으로써 전 세계를 재앙에 빠뜨린 2007년 경기 대침체Great Recession와 같은 대격변도 있다.

사회적 현실에는 한계가 있다. 결국 사회적 현실은 물리적 현실의 제약을 받는다. 팔을 펄럭이면 공중으로 날아갈 수 있다는 데 모두 동의할 수는 있지만 실제로 그런 일이 일어나도록 하지는 못한다. 그럼에도 사회적 현실은 당신이 생각하는 것보다 훨씬 더 잘 변한다. 사람들이 공룡은 한 번도 존재한 적이 없다고 동의한다면 반대 증거들을 모두 무시하면서 공룡이 없는 자연사박물관을 지을 수 있다. 끔찍한 말을 하는 지도자를 두게 될 수도 있고, 모든 것이 영상으로 찍혔는데도 그런 말을 한 적이 없다고 모든 뉴스 매체가 동의하는 사태가 일어날 수도 있다. 전체주의 사회에서 바로 이런 일들이 일어난다. 사회적 현실은 우리의 가장 큰 업적 중 하나일 수 있지만 서로를 향해 휘두를 수 있는 무기이기도 하다. 사회적 현실은 조작에 취약하다. 민주주의 그 자체가 사회적 현실이다.

사회적 현실은 인간 두뇌들의 앙상블에서 나오는 초능력이다. 이로써 우리는 자신의 운명을 계획하고, 심지어 우리 종의 진화에 영향을 끼칠 수 있다. 우리가 힘을 합치기만 한다면, 추상적인 개념들을 구성하고 공유하고 현실로 짜넣어 자연적·정치적·사회적인 거의 모든 환경을 잘 다스릴 수 있다. 우리는 우리가 생각하는 것보다 현실을 더 크게 좌우할 수 있다. 우리는 또한 우리가 인식하는 것보다 현실에 대해 더 큰 책임이 있다.

모든 종류의 사회적 현실은 하나의 구분선이다. 정면충돌을 방지하는 교통법규와 같은 구분선들은 사람들에게 도움이 된다. 노예제나 사회계급과 같은 구분선들은 일부 사람들에게만 유익하고 다른 사람들에게는 해를 끼친다. 사람들은 그러한 구분선의 윤리에 대해 논쟁을 벌이지만, 우리 모두가 그 구분선들을 강화할 때마다 좋든 싫든 어느 정도의 책임을 져야 한다. 초능력은 당신이 그것을 가지고 있다는 것을 알고 있을 때 가장 잘 작동한다.

# 과학 이면의 과학

 부 록

이 부록에는 앞에 나온 주제들에 대한 중요한 과학적 세부 정보를 실었다. 또한 여전히 과학자들 사이에서 논쟁거리가 되는 점들에 대한 설명과 더불어 이 책에 담은 아이디어와 표현 방식들이 어느 과학자에게서 왔는지 명확한 출처를 밝혔다. 인용된 구절과 참고문헌 전체 목록은 웹페이지 sevenandahalflessons.com에 정리되어 있다. 관련된 웹페이지로 바로 갈 수 있는 링크도 표기해두었다.

과학에 관한 글쓰기에서 가장 어려운 것은 무엇을 뺄지 결정하는 것이다. 과학책 저술가는 마치 조각가처럼 설득력 있고 이해할 수 있는 무언가가 구현될 때까지 복잡한 재료를 깎아낸다. 그렇게 해서 나온 최종 결과물은 엄격한 과학적 관점에서 보자면 불완전할 수밖에 없지만, 대다수 전문가를 불쾌하게 만들지 않을 정도로는 충분히 정확하다.

'충분히 정확하다'는 것의 예를 하나 들자면, 인간의 뇌가 약 1,280억 개의 신경세포들로 구성되어 있다는 것이다. 이 추정치는 신체의 움직임을 조정하기 위해 촉각 및 시각과

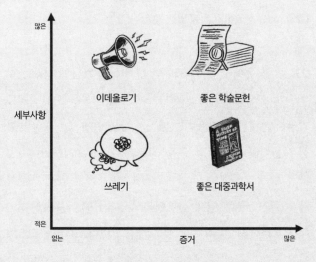

그림 11 | 대중을 위한 과학책 쓰기의 어려움

같은 감각을 사용하는 데 중요한 뇌 구조인 소뇌cerebellum의 신경세포를 포함했기 때문에 기존 학자들의 추정치와 다를 수 있다. 어떤 연구 논문들은 소뇌의 신경세포를 과소평가하기도 한다. 그렇다 하더라도 나의 추정치 역시 불완전하다. 왜냐하면 뇌에는 또한 생물학적으로 매우 여러 기능을 하면서 신경세포가 아닌 세포들, 곧 690억 개의 신경교세포도 있기 때문이다. 그러나 1,280억이라는 숫자는 뇌가 부분들의 복잡한 네트워크라는 2강의 핵심 개념을 강조해주는 역할을 한다.

**01** / **활유어는 약 5억 5천만 년 전부터 바다에 살았다** 창
고기lancelet라고도 하는 이 고대 생물은 오늘날에도
여전히 존재한다. 활유어는 다음과 같은 면에서 우리의 진화
적 사촌이다. 인간은 척추동물vertebrate이다. 우리는 척추spine
라고 부르는 등뼈backbone와, 척수spinal cord라고 하는 신경삭
nerve cord을 가지고 있다. 활유어는 척추동물이 아니지만 머리
에서 꼬리까지 연결된 신경삭을 가지고 있다. 그들은 또한 뼈
대신 섬유질 물질과 근육으로 만들어진 척삭notochord이라 불
리는 일종의 등뼈를 가지고 있다. 활유어와 척추동물은 척삭
동물문chordates, phylum Chordata이라는 더 큰 동물군에 속하며 이
들에게는 공통 조상이 있다(이 조상에 관해서는 곧 자세히
설명한다).

활유어는 척추동물과 무척추동물을 구별짓는 특징들을 전혀
갖지 않는다. 심장, 간, 췌장, 신장이 없으며 이러한 기관과
연동하는 체내 시스템도 없다. 활유어에게는 일주기 리듬을
조절하고 잠자고 깨어나는 주기를 만드는 세포들이 있다.

활유어는 머리가 따로 없다. 또한 눈, 귀, 코 등과 같이 척추
동물의 머리에서 발견되는 뚜렷한 감각기관이 없다. 다만 맨
앞쪽 끝에 안점eyespot이라 부르는 작은 세포 무리를 한쪽에 가

지고 있다. 이 세포들은 감광성이어서 빛과 어둠의 총체적인 변화를 감지할 수 있으므로 그림자가 드리우면 활유어는 멀리 달아난다. 안점의 세포들은 척추동물의 망막과 일부 유전자를 공유하지만, 활유어는 눈이 없으며 볼 수 없다.

또한 활유어는 냄새를 맡거나 맛볼 수 없다. 그들의 피부에 있는 일부 세포들이 물속 화학물질을 감지할 수 있고, 이 세포에 척추동물의 후각신경구olfactory bulb에서 발견되는 것과 유사한 유전자가 일부 포함되어 있지만, 이 유전자들이 같은 방식으로 기능하는지는 명확히 밝혀지지 않았다. 활유어는 또한 물속에서 몸의 방향과 균형을 맞추고 헤엄칠 때 가속을 감지하는 것으로 보이는 털이 달린 세포 군집을 가지고 있지만, 척추동물처럼 들을 수 있는 귀 같은 것은 없다.

활유어는 또한 음식의 위치를 찾아내어 다가가는 행위를 할 수 없다. 그들은 바닷물과 함께 흘러들어오는 작은 생물이라면 무엇이든 먹는다. 또한 먹이가 없음을 감지하고 혹시라도 먹이를 얻을 수 있는 어딘가로 꼼지락꼼지락 움직일 수 있는 세포들을 갖고 있다(실제로는 세포가 '어디로 가든 여기보다 낫다'는 신호를 보낸다).

7half.info/amphioxus

## 02 / 뇌라고 할 수 없는 아주 작은 세포 덩어리들 과학자

들은 활유어가 뇌를 가지고 있는지에 대해 계속 논쟁하고 있다. 이 논쟁은 결국 과연 무엇이 '뇌'이고 무엇은 '뇌가 아닌지' 구분선을 긋는 문제다. 진화생물학자 헨리 지Henry Gee는 이 상황을 다음과 같이 잘 요약했다. "멍게와 같은 피낭동물tunicate이나 활유어에게서 척추동물의 뇌와 같은 것은 보이지 않는다. 누군가가 애써 충분히 들여다본다면 기초 계획의 흔적이야 찾긴 하겠지만……."

과학자들은 척추동물 뇌의 유전적 기초를 활유어의 척삭 앞쪽 끝에서 발견할 수 있으며, 그것이 최소 5억 5천만 년 전의 것이라는 데에 대부분 동의한다. 그렇다고 이것이 척삭 앞쪽 끝에서 발견된 유전자가 척추동물의 뇌 유전자와 똑같은 방식으로 작동하거나 똑같은 구조들을 만들어낸다는 의미는 아니다. (두 가지 종이 유사한 유전자를 갖는다는 것이 무엇을 의미하는지에 대한 자세한 내용은 부록 15번 항목 '파충류와 포유류 동물들이 인간과 같은 종류의 신경세포들을 갖고 있다'를 참고하라.) 그리고 이것이 바로 과학적 논쟁이 시작되는 지점이다. 척추동물의 뇌를 주요 부분들로 조직하는 분자 패턴 중 일부를 활유어도 가지고 있지만, 과학자들은 어떤 부분은 설명이 되고 어떤 부분의 설명은 빠져 있는지를 놓고 논쟁한다. 또한 실제 그 부분들이 활유어에게 있는지에 대해서도 논란의 여지가 있다. 마찬가지로 활유어는 머리 자체를 가지고 있지 않음에도 불구하고 머리에 필요한 기본적인 유전적 기초는 가지고 있다.

활유어에 관한 논쟁에 대한 세부사항은 헨리 지의 저서《다리를 건너서: 척추동물의 기원에 관한 이해Across the Bridge: Understanding the Origin of the Vertebrates》와 진화신경과학자 게오르그 스트라이터Georg Striedter와 글렌 노스컷Glenn Northcutt의 저서《시간을 거쳐온 뇌: 척추동물의 자연사Brains Through Time: A Natural History of Vertebrates》를 참고하라.

7half.info/amphioxus-brain

**03** / **당신의 아주 오래된 작은 조상과 매우 유사한 생명체를 보는** 과학자들은 활유어와 우리의 공통 조상이 오늘날의 활유어와 매우 유사할 것이라 생각한다. 왜냐하면 활유어의 환경, 곧 그들의 적소가 지난 5억 5천만 년 동안 거의 변하지 않았기 때문에 활유어 역시 많이 적응할 필요가 없었을 것이기 때문이다. 이와 대조적으로 척추동물은 멍게를 비롯한 척삭동물들이 그랬듯 엄청난 진화적 변화를 겪었다. 따라서 과학자들은 오늘날의 활유어를 연구함으로써 모든 척삭동물의 공통 조상에 관해 알아낼 수 있을 것으로 추정한다.

그럼에도 일부 과학자들은 이러한 가정을 두고 계속 토론하고 있다. 활유어가 10억 년의 절반이 넘게 지나는 동안 전혀 변하지 않았을 가능성은 거의 없지 않나! 예를 들어 활유어의 척삭(중추신경계)은 몸 끝에서 끝까지 전체적으로 뻗어 있는 반면, 척추동물의 척수는 뇌가 시작되는 지점에서 끝난다. 과학자들은 우리의 공통 조상이 본래 활유어의 것과 같은 척삭을 가졌는데 척추동물의 뇌 진화와 함께 짧아진 것인지, 아니면 척삭이 원래 더 짧았는데 진화를 거치면서 길어진 것인지를 두고 논쟁한다. 이와 유사한 여러 가지 논쟁(가령 후각의 진화)이 있다. 활유어와 같은 고대 조상에 관한 자세한 내용은 헨리 지의 저서 《다리를 건너서》를 참고하라.

7half.info/ancestor

**04** / **왜 뇌는 당신의 뇌처럼 진화했을까?** "당신의 뇌는 이것을 위한 것입니다"와 "당신의 뇌는 그것을 하기 위해 진화했습니다"와 같은 말은 목적론적 설명이라고 할 수 있다. 목적론teleology이라는 말은 '끝' '목적' 또는 '목표'를 의미하는 그리스어 텔로스telos에서 왔다. 과학과 철학에서는 여러 가지 종류의 목적론이 논의되고 있다. 일반적으로 과학자와 철학자들이 권장하지 않는 가장 대표적인 목적론 유형은 어떤 것이 궁극적 끝점end point을 목표로 의도적으로 설계되었다는 식의 설명이다. 예를 들어 뇌가 본능적인 것에서

이성적인 것으로, 또는 하급 동물에서 고급 동물로 향하듯 일종의 상향 진보upward progression 방식으로 진화했다고 설명하는 것이 그 예다. 이런 형태의 목적론은 이 책에서 사용하지 않는다.

두 번째 종류의 목적론은 이 책에서 사용한 유형인데, 어떤 것을 궁극적 끝점이 없는 목표를 구현해내는 프로세스로 보는 관점이다. 뇌가 생각을 위한 것이 아니라 특정 적소에서 신체를 조절하기 위한 것이라고 말할 때는 신체예산, 곧 알로스타시스가 어떤 궁극적 끝점을 갖는다고 암시하는 것이 아니다. 알로스타시스는 끊임없이 변화하는 환경으로부터의 입력자극을 예상하고 대처하는 하나의 프로세스다. 모든 동물의 뇌는 알로스타시스를 운영한다. 여기에 더 나쁜 방식에서 더 나은 방식으로 차례차례 올라가는 진보 같은 것은 없다.

심리학자 베서니 오잘레토Bethany Ojalehto, 샌드라 왁스먼Sandra R. Waxman, 더글러스 메딘Douglas L. Medin은 여러 문화권의 사람들이 자연계를 어떻게 추론하는지 연구한다. 그들은 우리 수업에 사용되는 이 두 번째 종류의 목적론적 설명이 살아 있는 것들과 주변 환경의 관계에 대한 인식을 표현한다고 설명한다. 그들은 그것을 '맥락적 인지contextual cognition' 또는 '관계적 인지relational cognition'라고 부른다. "뇌는 생각하기 위한 것이 아니다"와 같은 표현은 뇌와 다양한 신체 시스템, 그리고 환경에 있는 요소들 간의 관계를 말하므로 본질적으로 관계적이며, 뇌가 궁극적 끝점을 목표로 의도적으로 설계된 것이 아님을 드러낸다.

"당신의 뇌는 생각하기 위한 것이 아니다"와 같은 내 표현은 또한 뇌의 기능적 측면을 설명하는 대중 에세이라는 특정 맥락에서만 사용된다. 이런 표현은 그것이 쓰인 문맥 안에서만 완전하게 의미를 갖는다. 맥락 없이 이런 문장들을 읽게 되면 문제가 많은 첫 번째 유형의 목적론으로 착각하기 쉽다. 물론 알로스타시스가 뇌 진화의 유일한 원인은 아니며, 어떤 질서정연한 방식으로 진화를 주도하지도 않았다. 뇌의 진화는 대부분 우연하고 기회주의적인 자연선택의 주도로 진행되었다. 7강에서 살펴보듯 뇌의 진화는 문화적 진화의 영향을 받을 수도 있다.

7half.info/teleology

**05** / **이러한 신체예산을 과학에서는 알로스타시스라고 한다** 알로스타시스는 뇌가 진화하는 방식과 작동하는 방식에 영향을 끼치는 유일한 요소는 아니지만 매우 중요한 요소라고 할 수 있다. 알로스타시스는 끊임없이 균형을 맞추는 예측적 프로세스이며, 신체가 유지하고자 하는 어떤 하나의 안정된 지점을 찾기 위한 프로세스가 아니다. 말하자면

이토록 뜻밖의 뇌과학

온도조절기 같은 것이 아니다. 하나의 안정된 지점을 찾는 것을 뜻하는 말은 '항상성homeostasis'이다.

7half.info/allostasis

**06** / **경제성 측면에서 그 움직임은 '노력할 만한 가치가 있어야' 한다** '가치가 있는 움직임'이라는 발상은 경제학 분야에서 가치value라는 개념으로 잘 연구되고 있다.

7half.info/value

**07** / **몸 내부도 더 정교해졌다는 것을 의미한다** 심장·위·폐처럼 몸 안에 들어 있는 기관들을 내장viscera이라고 하는데, 내장들은 각각 심혈관계·소화계·호흡계와 같이 우리 목 아래에 있는 광범위한 내장계의 일부를 이룬다. 심장, 위, 폐를 비롯한 모든 기관의 내부에서 일어나는 움직임을 내장운동visceromotor movement이라고 한다. 우리 뇌는 내장계를 제어한다. 다시 말해 내장운동 제어를 맡는다. 뇌가 근육운동을 제어하기 위해 일차운동피질primary motor cortex과 피질하 구조 시스템 전부를 가지고 있는 것과 똑같은 방식으로, 내장들을 제어하기 위해 뇌는 일차내장운동피질primary visceromotor cortex과 피질하 구조 시스템 전부를 갖고 있다. 폐와 같은 일부 내장기관이 작동하려면 뇌가 필요하다. 그러나 심

장이나 위는 자체 리듬이 있으며, 뇌의 내장운동계는 그 움직임을 미세하게 조정하는 역할을 한다. 한 가지만 더 짚어두자. 우리 몸에는 일반적으로 어떤 내장기관과도 연결되지 않는 면역계 및 내분비계와 같은 계통도 존재하는데, 이 부분의 변화도 넓은 의미의 내장운동에 포함된다.

팔, 다리, 머리, 그리고 몸통의 움직임이 뇌(특히 체성감각계 somatosensory system)로 전달되는 감각 데이터를 생성하는 것과 같은 방식으로 내장운동의 움직임도 감각 변화들을 만들어낸다. 이를 내수용interoceptive 감각 데이터라고 하며, 이는 뇌의 내수용계interoceptive system로 보내진다. 이 모든 감각 데이터는 뇌가 운동 및 내장운동의 움직임을 더 잘 제어하는 데 도움을 준다.

오늘날 최선의 과학적 추정에 따르면, 척추동물의 내장계 및 내장운동계의 진화는 감각계의 진화와 함께 이루어진 것으로 보인다. 수정 후 배아가 뇌와 몸을 만들어갈 때, 내장계와 감각계는 모두 신경능neural crest이라는 동일한 일시적 세포 군집에서 생겨난다. 내장운동계와 내수용계를 포함하는 척추동물의 뇌 부분인 전뇌forebrain도 마찬가지다. 척추동물에게만 있는 이러한 신경능은 인간을 포함해 모든 종의 척추동물들에게서 발견된다.

모든 움직임의 가치를 결정하는 데 내장운동계와 내수용계가 핵심 역할을 하는 것은 사실이지만, 그 때문에 진화했다고 말할 수는 없다. 몸의 내장계와 뇌의 내장운동계가 진화하는 데는 그 밖에 다른 자연선택적 압력도 기여했는데, 몸이 더 크게 진화해서 새로운 종류의 보살핌과 신체 관리가 필요하게 된 것이 그 한 예다. 좀 더 상세하게 얘기하자면 지구상에 존재하는 대다수 동물은 직경이 작으며, 신체 내부에서 외부까지 가로지르는 세포를 몇 개밖에 갖고 있지 않다. 이러한 특징 덕분에 호흡을 하면서 공기 교환과 더불어 노폐물을 제거하는 등 특정 생리 기능이 더 쉽게 이루어진다. 그런데 몸이 더 커진 동물은 신체 내부가 외부세계에서 더 멀리 떨어져 있으므로 새로운 시스템을 진화시켰다. 공기 교환을 원활하게 하기 위해 아가미 위로 물을 뿜어내게 한다거나 노폐물을 배출하기 위해 신장과 더 길어진 장 같은 것들을 만들어냈다. 이러한 새로운 시스템을 통해 척추동물은 더 강력한 수영 선수가 되어 결과적으로 더 성공적인 포식자가 될 수 있었다.

7half.info/visceral

**08** / **플라톤은 이렇게 썼다. 인간의 마음은** 플라톤은 영
혼psyche에 관해 썼는데, 이는 오늘날 우리가 마음mind
이라고 하는 것과는 다르다. 하지만 이 책에서 나는 영혼을
마음과 동의어로 사용하는 통상적 관례를 따른다.
7half.info/plato

**09** / **플라톤이 말한 전투가 뇌 어디에서 벌어지는지 찾아
보려 했던 것** 삼위일체의 뇌라는 발상은 인간 영혼
에 관한 플라톤의 글과 신경과학을 융합한 것이다. 20세기
초에 생리학자 월터 캐논Walter Cannon은 감정이 이성적인 피질
바로 아래에 있는 시상thalamus과 시상하부hypothalamus라는 두
개의 뇌 영역에 의해 각각 촉발되고 표현된다고 보았다. (오
늘날 우리는 냄새가 되는 화학물질을 제외한 모든 감각 데이
터가 피질로 들어가는 주요 관문이 시상이라는 것을 안다. 그
리고 시상하부는 혈압, 심박수, 호흡수, 발한, 그 외의 생리적
변화를 조절하는 데 결정적으로 중요하다.) 1930년대에 신
경해부학자 제임스 파페즈James Papez는 우리 뇌에 감정을 관
장하는 '피질회로cortical circuit'가 있다고 제안했다. 그가 말한
회로는 시상과 시상하부를 넘어서 피질하 영역subcortical regions

과 인접한 피질 영역(곧 대상피질)까지 포함하기 때문에 아주 오래된 것으로 간주되었다. 이보다 50년 전에 신경학자 폴 브로카Paul Broca는 이 피질 영역을 변연엽limbic lobe이라고 불렀다. (변연이라는 용어는 '경계'를 뜻하는 라틴어에서 가져온 것이다. 이 조직들은 뇌의 감각계와 팔, 다리, 그리고 그외의 신체 부위들을 움직이는 운동계에 접해 있다. 브로카는 변연엽이 후각과 같은 원시적 생존능력들을 보유한다고 생각했다.) 1940년대 후반, 신경과학자 폴 매클린은 파페즈의 '피질회로'를 완전하게 갖춰진 변연계로 변형해 자신이 삼위일체의 뇌라고 명명한 삼층 뇌에 집어넣었다.

7half.info/triune

**10** / **대뇌피질의 일부인 가장 바깥층** 피질을 포함해 많은 뇌 용어들은 혼란스러울 수 있다. 대뇌피질은 뇌의 피질하('피질 아래'를 의미) 부분들을 겹겹이 덮는, 신경세포들로 이루어진 '이불'이라고 할 수 있다. 대뇌피질의 어떤 부분은 진화적으로 오래되어 변연계에 속하고(가령 대상피질) 또 다른 부분은 진화적으로 새로운 것이어서 신피질이라고 부른다는 식의 설명은 널리 알려져 있다. 하지만 이런 식의 구분은 뇌의 피질이 어떻게 진화했는지를 오해한 데서 비롯됐다.

**11 / 과학을 통틀어 가장 성공적이었으며 가장 널리 퍼진 오류 중 하나** 과학자들은 보통 무언가가 사실이라고 말하거나 확실히 참 또는 거짓이라고 단정짓는 일을 피하려고 한다. 현실세계에서 사실fact은 특정 맥락 내에서 참 또는 거짓이 될 확률을 갖는다. (헨리 지가 그의 저서 《우연한 종: 인간 진화에 관한 오해The Accidental Species: Misunderstandings of Human Evolution》에서 말했듯이 "과학은 의심을 정량화하는 프로세스다".) 그러나 삼위일체의 뇌에 관해서는 좀 더 확실한 언어를 사용하는 것이 마땅하다. 매클린이 1990년에 자신의 대작 《진화한 삼위일체의 뇌: 고대의 뇌 기능에서의 역할The Triune Brain in Evolution: Role in Paleocerebral Functions》을 출판했을 때는 이미 삼위일체의 뇌라는 발상이 틀렸다는 증거가 분명했다. 그럼에도 삼위일체의 뇌에 대한 인기를 지속시킨 것은 과학적 탐구라기보다는 이데올로기였다. 과학자들은 이데올로기를 피하기 위해 열심히 노력하지만, 우리도 사람이고 때때로 사람들은 데이터보다 신념에 이끌린다(리처드 르원틴Richard Lewontin의 저서 《이데올로기로서의 생물학: DNA 독트린Biology as Ideology: The Doctrine of DNA》을 참고하라). 실수는 과학 연구 과정에서 통상적으로 나타나며, 과학자들이 실수를 인정할 때 비로소 새로운 사실을 발견해낼 위대한 기회가 열린다. 이에 관해서는 스튜어트 파이어슈타인Stuart Firestein의 저서 《실패는

과학을 어떻게 성공시키는가Failure: Why Science Is So Successful》와
《무지는 어떻게 과학을 이끄는가Ignorance: How It Drives Science》를
보라.

7half.info/triune-wrong

**12** / **그 유전자를 가진 유사한 신경세포들이 인간과 쥐의
마지막 공통 조상에게 있었을 가능성이 크다** 이 가
정은 우리가 비교하는 동물들의 세포가 진화과정에서 크게
변화하지 않았다는 데서 비롯한다.

더 일반적으로 말하면, 두 동물에게 공통 조상으로 거슬러
올라갈 수 있는 뇌의 특징들(설령 육안으로는 달라 보인다
해도)이 있는지 추론할 때 고려하는 요소는 유전자만이 아
니다. 때때로 유전자는 오해를 낳기도 한다. 일부 과학자들
은 신경세포 간의 연결과 같은 다른 생물학적 정보들을 사용
해 두 뇌 구조가 공통 조상으로 이어지는지를 알아낸다. '동
종성homology'이라고 부르는 이 주제에 관한 세부 논의들은
게오르그 스트라이터의 저서 《뇌 진화의 원리Principles of Brain
Evolution》와 스트라이터와 글렌 노스컷의 공저 《시간을 거쳐온
뇌》를 참고하라.

7half.info/homology

**13** / **뇌는 진화의 시간을 거치는 동안 점점 커지면서 재조직되었다** 이 견해는 신경생물학자인 게오르그 스트라이터에게서 나왔다. 그는 뇌를 사업을 확장하기 위해 재조직하는 기업에 비유했다. 스트라이터의 저서 《뇌 진화의 원리》를 참고하라. 뇌는 또한 진화를 거치면서 또는 발달과정에서 복잡성을 잃기도 한다. 멍게와 같은 피낭동물이 그 예다.

7half.info/reorg

**14** / **영역 간 분리와 통합** 여기 쥐와 인간의 일차체성감각피질을 비교하는 훌륭한 비유가 하나 있다. 작가이자 요리사인 토머스 켈러Thomas Keller는 냄비에 여러 가지 채소를 한꺼번에 넣어 요리하면 그 음식은 하나로 섞인 맛을 갖게 된다고 설명한다. 개별 재료들의 맛이 느껴지지 않는다는 것이다. 켈러는 요리를 더 맛있게 잘 만드는 방법은 채소마다 따로 조리해서 마지막에 냄비에 모두 넣고 섞는 것이라고 설명한다. 이제 요리는 다양하고 복잡한 풍미의 조합이 된다. 이 두 가지 방법의 차이가 바로 쥐와 인간의 일차체성감각피질의 차이다. 쥐는 일차체성감각피질이 하나의 영역으로 되어 있어서 모든 재료를 하나의 냄비에 넣고 조리하는 것과 같다. 반면 네 영역으로 나뉘어 있는 인간의 경우에는 냄비 네

개에 각각 다른 재료들을 넣고 조리하는 것과 같다. 2강의 언어로 말하자면, 냄비 네 개 쪽의 복잡성이 더 높다고 할 수 있다.

7half.info/keller

**15 / 파충류와 포유류 동물들이 인간과 같은 종류의 신경세포들을 갖고 있다** 이것은 그 신경세포들이 동일한 유전 활동(가령 동일한 단백질을 생성한다든지)을 수행하는 동일한 분자적 정체성(특정 유전자 또는 유전자 시퀀스)을 가지고 있음을 의미한다. 그 유전자가 발견된 모든 동물이 반드시 똑같은 단백질을 만드는 것은 아니다. 두 동물은 동일한 유전자를 가질 수 있지만 그 유전자들이 다르게 기능하거나 다른 구조를 생성할 수 있다. 그리고 심지어 같은 동물 안에서도 유전자 네트워크는 발달 단계에 따라 다른 유전 활동을 수행할 수 있다(명확한 설명과 예를 보려면 헨리 지의 저서 《다리를 건너서》를 참고하라). 여기에서 중요한 발견은, 두 생물이 두 생물 모두에서 똑같은 기능을 하는 동일한 유전자를 지닌 신경세포들을 가졌다 해도 이 신경세포들이 조직되는 방법은 달라질 수 있고, 결과적으로 매우 다르게 보이는 뇌가 될 수 있다는 사실이다.

7half.info/same-neurons

**16 / 공통된 뇌 제조계획** 이 연구는 진화발달신경과학자 바버라 핀레이Barbara Finlay가 최초로 시작했다. 그는 이를 '시간번역translating time' 모델이라고 부른다. 핀레이는 동물의 뇌 발달 과정에서 일어나는 271개 사건의 시기를 예측하는 수학적 모델을 만들었다. 이러한 사건에는 신경세포가 생성될 때, 축삭이 성장하기 시작할 때, 연결이 확립되고 정제될 때, 축삭 위로 미엘린이 형성되기 시작할 때, 뇌 부피가 변화하고 팽창하기 시작할 때 등이 포함된다. 핀레이의 모델은 지금까지 연구된 18개 포유류 종과 원래 모델에 포함되지 않았던 일부 동물 종들까지 포함해서 각 동물마다 발달적 사건이 언제 일어나는지 날짜 수를 계산해낸다. 핀레이의 모델에서 예측한 시기와 동물들의 실제 뇌 형성 시기를 비교해보면 상관관계는 놀랍게도 0.993(-1.0에서 1.0 사이의 척도)으로 나타난다. 이는 연구된 모든 종에서 발달적 사건이 일어나는 순서가 거의 똑같다는 것을 뜻한다. 이들은 모두 단일 모델로 설명되기 때문이다.

게다가 다양한 포유류의 뇌세포에서 발견되는 유전자들은 시간번역 모델에 부합하는 분자유전학적 증거가 된다. 턱이 있는 물고기(유악류)jawed fish의 뇌세포에도 이러한 유전자들이 포함되어 있다. 어떤 유전자들은 활유어에게로 거슬러 올라가는데, 이 유전자들은 인간과의 공통 조상에게도 있을 가

이토록 뜻밖의 뇌과학

능성이 매우 크다. 따라서 이러한 유전적 증거에 의거해 턱뼈가 있는 모든 척추동물에 공통된 뇌 제조계획(또는 그 계획의 일부)이 적용된다고 추론하는 것은 합리적이다.

7half.info/manufacture

## 17 / 인간의 뇌에 새로운 부분이란 없다 신경과학자로서

나는 뇌가 보편적 제조계획을 갖는다는 핀레이의 가설을 뒷받침하는 증거에 설득되었다. 하지만 이에 관심 있는 독자들이 알아둬야 할 것이 있는데, 일부 과학자는 여전히 인간 뇌의 어떤 특성, 예를 들면 전전두피질 같은 것이 영장류 뇌의 확대 버전으로 예상되는 것 이상으로 더 크게 진화했다는 생각을 고수하고 있다. 내 관점에서 볼 때 인간 뇌의 독특한 능력 중 일부는 다음 두 가지의 결합에서 비롯되었다. 커다란(전반적인 뇌 크기를 감안할 때 특별히 크다고는 볼 수 없지만 절대적인 의미로 일단 큰) 대뇌피질과, 전전두피질의 상층을 포함해 피질 특정 부분에 있는 신경세포들의 연결이 고도로 강화된 것. 나 자신을 포함해 몇몇 과학자는 이러한 특성이 인간에게 사물들의 단순한 물리적 형태가 아닌 기능을 보고 이해하는 능력을 부여한다고 추정한다. 7강에서 상세히 살펴볼 내용이다. 또한 이전에 출간한 내 저서《감정은 어떻게 만들어지는가?How Emotions are Made: The Secret Life of the Brain》

에도 관련 설명이 있다.

7half.info/parts

**18** / **감정만 전담하는 변연계와 같은 것도 없다** 변연계라
는 말은 허구에 불과하지만, 우리 뇌에는 변연회로
limbic circuitry라 불리는 것이 있다. 변연회로의 신경세포들은 뇌
간핵brain stem nuclei에 연결되어 있다. 뇌간핵은 자율신경계와
면역계, 내분비계, 그리고 우리 몸 안의 감각들에 대한 뇌의
'표현'에 해당하는 내수용감각interoception을 만들어내는 다른
시스템들을 조절한다. 변연회로는 감정만 담당하는 것이 아
니며, 뇌의 여러 시스템에 분포해 있다. 변연회로가 발견되
는 시스템으로는 시상하부와 편도체의 중앙핵central nucleus of the
amygdala 같은 피질하 구조, 해마hippocampus와 후각신경구를 비
롯한 이종피질 구조allocortical structure, 또한 대상피질과 전방섬
엽anterior insula 같은 일부 대뇌피질이 있다.

7half.info/limbic

**19** / **삼위일체의 뇌라는 발상과 감정 및 충동과 이성 간
의 싸움에 관한 서사는 현대의 신화, 근거 없는 통념
이라 할 수 있다** 삼위일체의 뇌는 오랜 세월에 걸쳐 과학계에
단단히 자리잡은 허구에 해당한다. 재미 삼아 이와 비슷한 사

이토록 뜻밖의 뇌과학

레를 몇 개 소개한다. 18세기의 진지한 학자들은 열이 칼로릭caloric이라는 신비한 유체에 의해 생성되며, 플로지스톤phlogiston이라고 하는 가상의 물질에 의해 연소가 일어난다고 믿었다. 19세기의 물리학자들은 우주가 보이지 않는 물질로 가득 차 있다고 주장했다. 그들은 이 물질이 광파를 전파하는 기능을 한다며 발광 에테르luminiferous ether라 불렀다. 한편 19세기의 의학자들은 전염병과 같은 질병이 미아즈마miasma라 불리는 악취 나는 증기 때문에 일어난다고 보았다. 이러한 근거 없는 신화들은 오래도록 살아남아 뒤집히기 전까지 100년이 넘도록 과학적 사실의 자리를 차지했다.

7half.info/myths

**20** / **흥미로운 동물 한 종에 지나지 않는다** 헨리 지의 《우연한 종》에 나오는 표현이다.

7half.info/interesting

**2강_ 뇌는 '네트워크'다**

**21** / **뇌는 '네트워크'다** 뇌 네트워크는 서로 연결된 신경세포들로 이루어진 더 작은 네트워크 또는 서브네트

워크subnetwork로 구성된다. 각 서브네트워크는 그것이 기능할 때마다 지속적으로 결합했다가 떨어져나가는 신경세포들의 느슨한 모음이다. 선수가 열두 명에서 열다섯 명 정도 되지만 한 번에 다섯 명만 경기에 참가하는 농구팀을 생각해보라. 선수들은 경기에 들어갔다 나왔다 하지만 우리는 코트에 있는 사람들을 모두 같은 팀으로 본다. 이와 마찬가지로 서브네트워크를 만든 실제 신경세포들이 들어오고 나가더라도 하나의 서브네트워크는 그대로 유지된다. 이러한 가변성variability은 구조적으로 다른 요소(신경세포 무리처럼)가 동일한 기능을 수행하는 축중의 한 예다.

7half.info/network

**22 / 1,280억 개의 신경세포가 하나의 거대하고 유연한 구조로 연결된 네트워크** 인간의 뇌에 평균적으로 들어 있는 신경세포의 개수를 나는 1,280억 개로 셌는데, 이는 아마 당신이 다른 자료들에서 본 것보다 큰 숫자일 것이다. 흔히 인용되는 신경세포의 개수는 850억 개다. 이러한 차이는 신경세포를 세는 방법이 다르기 때문에 일어난다. 일반적으로 과학자들은 뇌 조직의 2차원 이미지로부터 신경세포의 3차원 구조를 추정하기 위해 확률과 통계를 사용하는 입체학적stereological 방법을 사용해 뇌의 신경세포 수를 추정한다.

1,280억이라는 숫자는 광학분별기optical fractionator라 불리는 입체학적 방법을 사용한 한 논문에서 나온 것이다. 이 논문에서는 대뇌피질, 해마, 후각신경구를 포함하여 대뇌cerebrum에 약 190억 개, 소뇌의 과립세포granule cell가 1,090억 개, 그리고 소뇌의 푸르키니에세포Purkinje cell가 2,800만 개 정도로 추산한다. 850억 개라는 더 일반적인 수치는 등방성분별기isotropic fractionator라는 다른 방법에서 나온 것이다. 이 방법은 더 간단하고 빠르나 일부 신경세포들을 조직적으로 누락한다.

7half.info/neurons

**23 / 뇌 네트워크라는 말은 비유가 아니다** 이 말은 상징적인 것이 아니다. 뇌는 실제로 네트워크이므로 다른 네트워크들과 유사하게 기능한다. 여기서 네트워크라는 용어는 비유가 아니라 개념concept이다. 당신이 이미 알고 있는 다른 네트워크들을 한번 떠올려보라. 그러면 뇌 네트워크가 무엇이고 어떻게 작동하는지 이해하는 데 도움이 될 것이다.

**24 / 일반적으로 말하면 신경세포는 작은 나무처럼 생겼다** 인간의 뇌에는 다양한 모양과 크기를 가진 여러 유형의 신경세포들이 있다. 여기서 말하는 종류의 신경세포

는 대뇌피질에 들어 있는 피라미드신경세포pyramidal neuron다.

## 25 / 나는 이 배치 전체를 뇌의 '배선'이라고 부를 것이다

내가 사용하는 배선이라는 간단한 용어는 더 구체적인 구조적 세부사항을 나타낸다. 일반적으로 신경세포는 하나의 세포체로 구성되는데, 맨 위에는 나뭇가지 모양의 구조로 된 수상돌기들(나무로 된 면류관을 생각해보라)이 있고, 아래쪽에는 뿌리처럼 생긴 길고 가느다란 돌기인 축삭 하나가 달려 있다. 축삭은 사람의 머리카락보다 훨씬 얇으며 끝에는 화학물질로 채워진 축삭 말단axon terminal이라고 하는 작은 공ball들을 갖고 있다. 수상돌기는 화학물질을 받기 위한 수용기receptor들로 가득하다. 일반적으로 한 신경세포의 축삭 말단은 다른 신경세포 수천 개의 수상돌기에 가까이 있지만 닿지 않으며, 그 사이의 공간을 시냅스라고 한다. 한 신경세포의 수상돌기가 화학물질의 존재를 감지하면, 그 신경세포는 전기신호를 축삭을 따라 아래에 있는 축삭 말단까지 쭉 내려보냄으로써 '발화'한다. 축삭 말단에서는 신경전달물질들을 시냅스로 방출한다. 그러면 신경전달물질은 다른 신경세포의 수상돌기에 있는 수용기에 달라붙는다. (신경교세포라고 하는 또 다른 세포들이 이 과정을 도와주면서 화학물질의 누출을 방지한다.) 이런 방법을 통해 신경화학물질은 수신 신경세포receiving neuron를 자극하거나 억제하고 발화율을 변화시킨다. 이 과정을 거치면서 하나의 개별 신경세포가 수천 개의 다른 신경세포에 영향을 끼치고 신경세포 수천 개가 하나의 신경세포에 영향을 끼칠 수 있다. 이 모든 일은 동시에 일어날 수 있다. 이것이 활동 중인 뇌에서 일어나는 일이다.

7half.info/wiring

**26 /** **이 영역을 흔히 시각피질이라 부르는데 '본다'는 것**
은 무엇을 의미할까? 손이나 핸드폰을 보는 것과 같이 세상에 있는 사물에 대한 의식적인 경험은 부분적으로 후두피질의 신경세포에 의해 만들어진다. 하지만 이 신경세포들이 손상되었을 때에도 이 세상을 탐색하는 것이 가능하다. 주요 시각피질이 손상된 사람 앞에 장애물을 놓으면 그 사람은 그 장애물을 '의식적으로' 보지는 못할 것이다. 하지만 그 장애물을 피해서 걸어간다. 이런 현상을 맹시blindsight라고 한다.

7half.info/blindsight

**27 /** **일반적인 시력을 가진 사람들에게 며칠 동안 눈을**
**가리고 점자 읽는 법을 가르치면** 눈을 가린 채 점자를 읽는 법을 배운 사람들에 관한 연구는 신경세포 하나가 다수의 기능을 가진다는 또 하나의 증거가 된다. 과학자들이 경두개자기자극법transcranial magnetic stimulation이라는 기술을 사용하여 일차시각피질(V1)에서의 신경 발화를 방해했을 때, 눈가리개를 한 사람들은 그러지 않은 사람에 비해 점자를 읽는데 더 어려움을 겪었다. 눈가리개를 제거하고 시각 입력자극이 다시 V1을 통해 처리되기 시작하자 24시간 뒤에는 이 어려움이 사라졌다.

7half.info/blindfold

**28** / **시스템의 복잡도가 더 높거나 낮다는 것** 복잡성은 계통발생적phylogenetic 잣대 또는 자연의 계층 구도 scala naturae에 따라 뇌가 덜 복잡한 것에서 더 복잡한 것으로 차례로 진보해 결국 인간의 뇌로 마무리되었다는 것을 의미하지 않는다. 원숭이나 벌레들과 같은 동물들의 뇌도 복잡성을 갖는다.

7half.info/complexity

**29** / **미트로프 브레인** 이 용어는 심리학자 스티븐 핑커 Steven Pinker의 저서 《빈 서판The Blank Slate》에서 영감을 얻어 내가 만든 것이다. 이 책에서 그는 "일원론적인 힘이 부여된 균질한 구"와 같은 "균일하게 다진 고깃덩이" 마음이

라 표현했다.

7half.info/meatloaf


**30** / **주머니칼 브레인** 이 이름은 인간의 마음을 스위스
          군용칼로 묘사했던 진화심리학자 레다 코스미디스
Leda Cosmides와 존 투비John Tooby에게서 영감을 받았다.

7half.info/pocketknife


**31** / **14가지 도구가 달린 실제 주머니칼** 14가지 도구가
          달린 주머니칼의 복잡성에 대한 좀 더 수학적인 세
부사항은 다음과 같다. 내가 패턴이라고 부르는 주머니칼 도
구의 특정 배열에서 각 도구는 '사용됨' 또는 '사용되지 않
음'이라는 두 가지 상태가 가능하다. 주머니칼 전체를 놓고
볼 때 두 가지 상태를 가진 14가지 도구는 다음과 같이 약
16,000개의 패턴을 생성할 수 있다.

$2×2×2×2×2×2×2×2×2×2×2×2×2×2=2^{14}= 16,384$

그리고 여기에 열다섯 번째 도구를 추가하면 패턴 수가 두 배
로 늘어난다.

$2×2×2×2×2×2×2×2×2×2×2×2×2×2×2=2^{15}=32,768$

또한 각 도구마다 부가 기능이 더해지면 이제 두 가지가 아닌 세 가지 상태(첫 번째 기능을 사용, 두 번째 기능을 사용, 또는 사용하지 않음)가 가능해진다. 이렇게 되면 주머니칼에 훨씬 더 많은 총 패턴이 생성된다.

$3×3×3×3×3×3×3×3×3×3×3×3×3×3=3^{14}=4,782,969$

네 가지 기능이 있는 도구는 $4^{14}$, 곧 268,435,456개의 패턴을 생성한다.

**32** / **신경세포가 문자 그대로 서로 연결되어 있지는 않다**
　　　이러한 관찰은 노스이스턴대학교의 전기전자공학과에 있는 나의 동료 대나 브룩스Dana Brooks가 제공해주었다.

**33** / **물리학자들은 때때로 빛이 파도를 이루어 이동한다고 말한다** 나는 이 비유를 통해 파동과 입자의 이중성을 말하려는 것이 아니다. 부록 19번 항목에서 언급한 발광 에테르 신화를 말하고 있다.
7half.info/wave

**34** / **신생 인간보다 더 유능한 신생 동물이 많다** 물론 쥐
와 기니피그를 비롯한 설치류가 낳는, 땅콩처럼 작
디작은 데다 털도 없고 눈도 보이지 않는 신생 동물들처럼 신
생아보다 덜 유능한 동물도 많다.

**35** / **"함께 발화하는 신경세포가 함께 연결된다."** 이 말
은 신경과학자 도널드 헵Donald Hebb에게서 나왔다.
이 현상은 공식적으로 헵의 원리Hebb's principle 또는 헤비언 가
소성Hebbian plasticity으로 더 잘 알려져 있다. 엄밀히 말해서 발화
는 동시에 일어나지 않는다. 하나의 신경세포가 다른 신경세
포가 발화하기 바로 직전에 발화하는 것이다. 이에 관해서는
도널드 헵의 저서 《행동의 조직: 신경심리학 이론The Organization
of Behavior : A Neuropsychological Theory》을 참고하라.

7half.info/hebb

**36** / **손전등이 많이 있다** '주의의 손전등lantern of attention'이
라는 멋진 은유는 아이들의 인지발달을 연구하는 심
리학자 앨리슨 고프닉Alison Gopnik의 호의 덕분에 사용할 수 있
었다. 고프닉의 저서 《우리 아이의 머릿속: 세계적인 심리학

자가 밝혀낸 아이 마음의 비밀The Philosophical Baby : What Children's Minds Tell Us About Truth, Love, and the meaning of Life》을 참고하라.

아기들에게서 주의의 스포트라이트가 발달하기 위해서는 관심공유 외에 몇 가지 다른 능력도 중요하다. 하나는 뇌가 머리의 움직임을 제어하는 능력이다. 이 능력은 생후 첫 몇 개월 동안 발달한다. 또 하나는 안구운동 제어oculomotor control라 불리는 눈 근육의 제어인데, 이 역시 생후 첫 몇 개월에 걸쳐 발달한다.

또한 아기들이 얼마나 많은 주의력을 가지고 태어나고, 그것들이 어떤 종류의 주의력인지에 관해서는 과학자들 사이에서 여전히 논쟁 중이라는 사실을 강조하고 싶다. 발달을 연구하는 많은 과학자는 아기가 세상의 어떤 특정한 속성들(예를 들어 무언가가 살아 있는지 아닌지)에 주의를 기울이도록 유전적으로 프로그래밍되어 있으며, 이러한 타고난 능력이 이후 발달 과정의 발판이 된다고 생각한다.

7half.info/lantern

**37** / **지금 빈곤을 퇴치하는 것이 수십 년 뒤에 빈곤의 결과에 대처하는 것보다 비용이 훨씬 덜 든다** 전미과학공학의학한림원NACEM이 발표한 2019년 아동빈곤 감축 로드맵A Roadmap to Reducing Child Poverty에 따르면 아동빈곤으로 인

해 사회에는 연간 1조 달러에 가까운 비용이 발생한다. 또한 어린이를 빈곤에서 구출하는 데 드는 비용이 어린이가 성장해서 빈곤의 결과에 대해 치르는 비용보다 훨씬 적다. 내 동료 심리학자 이사야 피켄스Isaiah Pickens는 가난과 역경의 악영향이 더 심각한 방식으로 나타날 바로 그때가 되어서야 비로소 우리는 그 문제를 좀 더 책임감 있게 대하기 시작한다면서 우리 문화의 아이러니를 지적한다.

7half.info/poverty

### 4강_ 뇌는 당신의 거의 모든 행동을 예측한다

**38** / **로디지아 군대에서 복무했던 한 남자** 이 이야기에 대한 또 다른 해석은 내 2018년 TEDx 강연 〈지혜 기르기: 기분의 힘Cultivating Wisdom: The Power of Mood〉에 들어 있으며, 아래 웹페이지에서 동영상을 볼 수 있다.

7half.info/tedx

**39** / **모호한 감각 데이터 조각들** 감각 데이터는 모호할 뿐만 아니라 불완전하기도 하다. 외부세계와 신체에 관한 정보는 망막, 달팽이관, 그리고 다른 감각기관들에서

처리되어 뇌로 보내지는 과정에서 일부 손실된다. 손실이 얼마나 큰지에 관해서는 과학자들 사이에서 여전히 논쟁 중이다. 하지만 외부세계와 신체로부터 들어오는 감각 데이터 중 지각될 수 있는 것보다 적은 양이 뇌로 전달된다는 사실에는 모든 과학자가 동의하고 있다.

7half.info/incomplete

**40** / **이 조각들을 조합해 기억을 만들어낸다** 뇌가 과거 경험을 사용하여 들어오는 감각 데이터에 의미를 부여한다는 생각은 우리의 지속적인 의식 경험이 "기억된 현재remembered present"라고 했던 면역학자이자 신경과학자 제럴드 에덜먼Gerald Edelman의 이야기와 유사하다.

7half.info/present

**41** / 세 개의 그림은 각각 폭포 위로 지나가는 잠수함, 물구나무서기를 하는 거미, 그리고 뛰어내리기 전에 멀리 아래에 있는 관중을 내려다보는 스키점프 선수다. 이 그림들은 모두 로저 프라이스Roger Price의 《궁극의 드루들 개요서: 고전적이고 엉뚱한 창작에 관한 엄청나게 완벽한 컬렉션 Ultimate Droodles Compendium: The Absurdly Complete Collection of All the Classic Zany Creations》에서 발췌했으며 출판사의 허락을 받아 실었다.

이토록 뜻밖의 뇌과학

저작권 표기와 각 그림들의 영문 제목, 출판사 홈페이지는 다음과 같다.

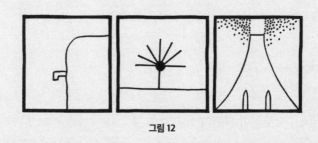

**그림 12**

**42** / **관람자의 몫** 예술작품의 인식에 대한 이런 발상은 미술사학자 알로이스 리글Alois Riegl에게서 처음 나왔다. 리글은 "관람자의 참여beholder's involvement"라고 불렀다. 그후에 미술사학자 에른스트 곰브리치Ernst Gombrich가 "관람자의 몫"이라는 용어를 만들었다.

7half.info/art

**43** / **일상적인 환각** 철학자 앤디 클락Andy Clark이 우리의 의식 경험을 "제어된 환각controlled hallucination"이라고 유창하게 설명하기 여러 해 전부터 나 역시 의식적 지각과 경

험을 일상적인 환각이라고 말해왔다. 이에 관해서는 클락의 저서 《불확실성 서핑하기: 예측, 행위, 그리고 체화된 마음 Surfing Uncertainty : Prediction, Action, and the Embodied Mind》을 보라. 오늘날에는 다른 과학자들도 경험을 이러한 방식으로 설명한다. 특히 신경과학자 아닐 세스Anil Seth의 매력적인 TED 강연 〈뇌는 어떻게 의식적 현실을 만들어낼까Your Brain Hallucinates Your Conscious Reality〉를 참고하라.

7half.info/hallucination

**44 / 당신이 나쁜 행동을 했을 때 누가 책임을 져야 할까**
이 주제에 대한 일부 자료는 나의 2018년 TED 강연 〈당신이 감정에 지배되는 게 아니라 뇌에서 감정을 만드는 것이다You aren't at the Mercy of Your Emotions Your Brain Creates Them〉에서 가져왔다. 아래 웹페이지에서 동영상을 볼 수 있다.

7half.info/ted

**5강_ 당신의 뇌는 보이지 않게 다른 뇌와 함께 움직인다**

**45 / 언어의 힘을 보여주는 실험** 우리 연구실에서는 말의 힘에 관해 실험 참가자들이 시나리오를 들으면서 그

것을 상상하는 사이에 뇌를 스캔하는 연구를 진행했다. 이 연구는 여러 논문에서 논의된 바 있다.

7half.info/words

**46 / 뇌에서 언어를 처리하는 많은 영역이 몸 내부도 제어하기 때문이다** '언어 네트워크'라는 뇌 영역은 '디폴트 모드 네트워크default mode network, DMN' 영역, 그중에서도 특히 뇌 왼쪽에 있는 디폴트 모드 네트워크와 상당 부분 겹친다. 디폴트 모드 네트워크는 자율신경계(심혈관계·호흡계·기관계를 제어), 면역계, 내분비계(호르몬과 신진대사 제어)를 포함하는 우리 몸의 체내 시스템을 제어하는 더 큰 체계의 일부다.

7half.info/language-network

**47 / 신체적 학대, 언어폭력** 약한 정도의 언어적 공격은 맥락에 따라 달라진다. 모든 비속어가 언어적 공격은 아니다. 예를 들어 여성들은 때때로 애정을 담은 표현으로, 또는 심지어 힘을 북돋워주려고 상대방을 '나쁜 년'이라고 부르기도 한다. 마찬가지로 한 맥락에서 긍정적인 단어가 다른 맥락에서는 공격적인 말이 될 수 있다. 당신이 연인에게 로맨틱한 말을 했고 상대방이 "여기 가까이 와서 말해봐"라

고 하면 당신의 뇌는 아마 곧 상대방과 키스를 하리라고 예측할 것이다. 하지만 당신을 괴롭히는 사람과 맞서고 있는데 그가 "여기 가까이 와서 말해봐"라고 하면 당신의 뇌는 위협을 예측할 것이다.

7half.info/aggression

**48** / **장기간의 만성 스트레스는 인간의 뇌에 해를 끼칠 수 있다** 연구에 따르면 신체적 학대나 성적 학대, 언어폭력 등을 지속적으로 당해서 생긴 만성 스트레스는 오랜 기간에 걸쳐 뇌와 신체를 갉아먹는다. 이와 같은 과학적 연구 결과는 놀라우면서도 썩 반갑지는 않은 것이므로 좀 더 상세히 살펴볼 필요가 있다. 여기서는 일부분만 살펴보기로 하고, 세부사항은 웹페이지 7half.info/chronic-stress에 실어둔다.

우선, 만성 스트레스는 뇌 위축을 유발한다. 스트레스는 뇌 조직을 감소시키는데 특히 신체예산(알로스타시스), 학습, 그리고 인지유연성cognitive flexibility에 중요한 영역의 조직을 줄어들게 한다.

스트레스를 받은 뇌가 위축되는 원인은 정확히 무엇일까? 그리고 이러한 뇌 변화는 신체적 질병의 가능성을 높이고 수명을 단축시키는 것과 어떻게 관련되어 있을까? 과학자들은 여전히 생물학적 세부사항에 관해 연구하고 있다. 한 가지 까다로운 점은, 살아 있는 인간의 뇌에서 어떤 변화가 일어나는지 정확히 알 수 있을 정도로 충분히 자세하게 뇌의 미세구조를 들여다볼 수 없다는 데에 있다. 그래서 과학자들은 어쩔 수 없이 인간이 아닌 동물을 대상으로 스트레스가 어떤 영향을 끼치는지 연구해서 최대한 조심스럽게 인간에게 보편화하고 있다. 이러한 예를 살펴보려면 신경내분비학자 브루스 매큐언Bruce McEwen의 연구를 참고하라.

아동기에 만성적으로 언어폭력을 받으면 그 영향이 오래 지속된다. 예를 들어 청년 554명을 대상으로 한 연구에서 과학자들은 실험 참가자들에게 어렸을 때 부모와 친구들에게서 언어폭력을 얼마나 경험했는지 기록하도록 했다. 그 결과 어린 시절에 언어폭력에 많이 노출된 사람일수록 청년기에 불안, 우울, 분노를 경험할 가능성이 더 크다는 것을 발견했다. 놀랍게도 이러한 연관성은 가족 구성원에게 신체적 학대를 받았다고 보고한 사람들에게서 관찰된 것보다 더 컸고, 타인에게 성적 학대를 받았다고 보고한 사람들에게서 관찰된 것과 비슷한 정도였다. 이 연구 결과는 아동기에 만성적 언어폭력을 당한 사람이 청년이 되었을 때 기분장애를 겪을 가능성이 크다는 가설과 일맥상통한다. 하지만 여기에는 또 다른 해석이 가능하다. 기분장애로 고통받는 사람들이 언어폭력을 포함해 학대당한 경험을 더 많이 기억할 수 있다는 것이다. 그렇기에 이 두 가설 중 어느 것이 더 옳을 가능성이 큰지 판단하는 데 도움이 될 다른 연구를 더 살펴보는 것이 중요하다.

한 연구에서는 언어적 비판과 갈등이 많았던 가혹한 가정, 또는 혼란스러운 가정에서 자라는 것이 생물학적으로 어떤 영향을 끼치는지 측정했다. 연구자들은 여성 청소년 135명을 대상으로 염증 표지자에 해당하는 인터루킨 6interleukin 6와 대사기능 장애를 보여주는 코르티솔 저항성을 측정했다. 실험 참가자들을 대상으로 18개월 동안 인터뷰를 네 차례 했다. 그 결과 언어폭력이 심한 가혹한 가정에서 자라는 청소년들은 시간이 경과함에 따라 더 많은 면역기능 장애와 더 많은 신진대사 기능 장애를 보였다. 반면에 언어폭력이 보통 수준인 가정의 청소년들은 신체 지표에 변화가 일어나지 않았고, 가정에서 언어폭력을 거의 경험하지 않은 청소년들은 더욱 건강한 것으로 나타났다. 다른 연구에서도 이와 비슷한 결과들이 발견되었다. '지속적 공격성'이라는 바다에서 헤엄치는 청소년들은 결국 신체적·정신적 질병으로 이어질 수 있는 발달 경로를 따르게 된다.

점점 더 많은 연구가 언어폭력을 포함해 지속적인 사회적 스트레스와 정신질환 및 신체질환의 발생률 증가 사이의 관련성을 일관되게 밝혀내고 있다. 예를 들어 언어폭력이 잠복성 헤르페스 바이러스 재활성화, 일반 백신의 효과 감소, 상처

**이토록 뜻밖의 뇌과학**

치유 지연 등을 일으킬 만큼 면역반응을 변화시킬 수 있다는 증거가 있다. 이 연구들은 취약계층을 상대로 한 것이 아니다. 여러 정치적 스펙트럼을 포함하는 보통 사람들을 대상으로 한 연구다. 또한 이 결과들에 연구 참가자들이 극심한 스트레스 경험에 대해 보고했는지 여부가 포함되어 있음을 주목해야 할 것이다.

7half.info/chronic-stress

**49** / **스트레스가 식사에 끼치는 영향** 스트레스가 우리 몸이 음식을 대사하는 데 어떤 영향을 끼치는지에 관한 연구가 두 가지 언급되어 있는데, 모두 심리학자 재니스 키콜트글레이저Janice K. Kiecolt-Glaser 연구팀이 수행한 것이다. 1년에 11파운드(약 5킬로그램)라는 수치는 다음과 같이 도출되었다. 매일 한 끼의 식사 전후로 두 시간 안에 스트레스에 노출되었다고 가정하면, 하루에 104칼로리가 증가하고 1년이면 104에 365를 곱한 만큼 증가하는 셈이다. 곱해서 나온 값 37,960칼로리를 파운드로 환산하기 위해(1파운드는 3,500칼로리) 3,500칼로리로 나누면 11파운드가 된다. 나는 약간의 활기가 필요한 지루한 저녁모임 자리에서 이런 토막 과학지식을 제공하는 것을 즐긴다.

7half.info/eat

**50** / **인도네시아 발리섬의 사람들은 두려울 때 잠이 든다**

이 사례는 심리학자 바챠 메스키타Batja Mesquita와 니코 프리다Nico Frijda에게서 빌려왔다. 그들은 1942년에 출간된 인류학자 그레고리 베이트슨Gregory Bateson과 마거릿 미드Margaret Mead의 민족학 저서 《발리인의 성격Balinese Character》에 나와 있는 내용을 인용했다. 이 책을 쓴 인류학자들은 발리에 사는 사람들이 생소하거나 무서운 일과 맞닥뜨렸을 때 종종 잠이 드는 것을 관찰했다. 메스키타와 프리다는 사람들이 끔찍하거나 서스펜스 넘치는 영화를 볼 때 눈을 감는 것처럼 무서운 뭔가를 회피하려는 것이라고 해석했다. 베이트슨과 미드의 설명에 따르면 발리에서는 잠자는 것이 두려움에 대해 사회적으로 승인된 반응이다. 발리 사람들은 그것을 타코에트 포엘레스takoet poeles라고 불렀는데, 이는 '무서운 잠에 빠진'이라고 번역된다.

7half.info/sleep

**51** / **툰베리의 마음은 자폐스펙트럼장애가 있으며** 그레타 툰베리는 자신이 아스퍼거증후군Asperger's syndrome을 앓고 있다고 이야기하는데, 이는 오늘날의 적절한 진단명

인 자폐스펙트럼장애에 해당한다.

7half.info/thunberg

**52** / **힐데가르트 폰 빙엔** 힐데가르트 폰 빙엔은 자신의 환각이 하느님으로부터 온 가르침이라고 믿었고, 이를 '살아 있는 빛의 그림자'라고 불렀다. 빙엔은 수년 동안 자신이 본 것들을 글과 그림으로 기록했다. 명확히 하자면, 나는 힐데가르트 폰 빙엔에게 조현병이나 그 밖에 다른 정신 질환이 있다고 진단하는 것이 아니다. 오히려 나는 누군가의 신비로운 경험이 역사적·문화적 맥락에 따라 또 다른 사람에게는 질병의 증상이 될 수 있다는 일반적 이야기를 하려는 것이다. 많은 학자가 빙엔을 다양한 질병으로 소급해 진단하곤 했는데, 이런 식으로 판단할 때는 극도로 주의를 기울여야 한다.

7half.info/bingen

**53** / **주머니칼 브레인에서 만들어질 법한 것** 뇌가 아니라 마음에 적용할 때 주머니칼 대 미트로프의 충돌은 아마도 생득설nativism 대 경험론empiricism으로 가장 잘 알려져 있을 것이다. 지식이 타고나는 것인지 아니면 경험을 통해 배우는 것인지에 대한 이 철학적 논쟁은 수천 년 동안 격렬히

진행되어왔다. 심리학자들은 때때로 이러한 논쟁을 능력심리학faculty psychology 대 연합주의associationism라고 일컫는다.

7half.info/nativism

**54** / **변이를 자연선택이 작동하기 위한 전제조건으로 보았다** 다윈은《종의 기원On the Origin of Species》에서 한 종의 개체들 사이에서 일어난 변이가 진화 과정에서 자연선택을 위한 전제조건이라고 설명했다. 한 종은 다양한 개체로 이루어진 그룹으로, 특정 환경에 가장 잘 적응한 개체는 생존 가능성이 더 크고 자손에게 유전자를 전달할 가능성(번식 가능성)도 더 크다. 진화생물학자 에른스트 마이어Ernst Mayr에 따르면 개체군적 사고population thinking로 잘 알려진 변이에 대한 아이디어는 다윈이 일궈낸 가장 커다란 혁신 중 하나다. 이에 관한 입문서를 찾는다면 마이어의 저서《생물학의 고유성은 어디에 있는가What Makes Biology Unique》를, 좀 더 심도 깊은 설명을 원하면 또 다른 저서《새로운 생물철학을 향하여 Toward a New Philosophy of Biology》를 보라.

7half.info/variation

**55** / **마이어스-브릭스 유형 지표** MBTI를 비롯한 여러 가지 성격 검사들은 '오늘의 운세'만큼이나 과학적 타

당성이 없다. 수년간의 증거에 따르면 MBTI는 그 검사가 주장하고 있는 것에 부응하지 못하며, 업무 성과를 일관되게 예측하지도 못한다. 그럼에도 이런 종류의 성격 검사들은 그런 것들 없이도 유능했을 관리자들을 꾀어 직원들이나 회사에 모두 도움이 되지 않는 결정을 내리게 한다. 검사 결과를 받아보면 왜 전부 사실처럼 느껴질까? 왜냐하면 그 검사들은 당신이 자기 자신에 대해 어떻게 생각하는지를 묻기 때문이다. 검사 결과란 그 신념들을 요약해서 당신에게 돌려주는 것일 뿐이다. 그러면 당신은 이렇게 생각하게 된다. "와! 진짜 딱 맞네!"

핵심은 이것이다. 사람들에게 자신의 행동에 대한 의견을 묻는 방식으로는 행동을 측정할 수 없다. 여러 가지 맥락 안에서 그 행동을 관찰해야 한다. (게다가 똑같은 사람이라고 해도 어떤 맥락에서는 정직할 수 있고 다른 맥락에서는 부정직할 수 있다. 누구나 어떤 상황에서는 내향적일 수 있고 또 다른 상황에서는 외향적일 수 있다.)

7half.info/mbti

**56** / **정동의 느낌은 유쾌한 것부터 불쾌한 것까지, 활성화된 것부터 비활성화된 것까지 있다** 정동은 본문에 제시한 그림 9와 같은 수학적 구조로 설명할 수 있다. 이를

서컴플렉스circumplex 모형이라 한다. 정동에 대한 서컴플렉스 모형은 심리학자 제임스 러셀James Russell이 처음 논했다. 그림에 나타나 있듯, 서컴플렉스는 원의 기하학적 구조를 사용해 관계를 나타낸다. 이 경우에는 정동적 느낌들 사이의 관계를 말한다. (원에서 서로 가까이 있는 변수들은 더 멀리 떨어져 있는 변수보다 밀접한 관련이 있다. 반대 방향에 위치하는 변수끼리는 음의 관계를 가지며, 서로 직교하는 변수끼리는 관련이 없다-옮긴이) 서컴플렉스라는 용어는 '복잡성의 순환 순서'를 의미하며, 어떤 감정이 최소한 동시에 두 가지 기본 심리적 특징을 갖는다는 것을 시사한다. 이 원형 지도는 어떤 감정이 다른 감정과 서로 얼마나 유사한지 보여주고, 두 가지 차원으로 유사성의 속성을 설명해준다.

7half.info/circumplex

**57** / **신체예산을 정확하게 조절할 수 있는 앱이나 스마트 워치** 이 비유는 내 2018년 TEDx 강연 〈지혜 기르기: 기분의 힘〉에 들어 있으며, 아래 웹페이지에서 동영상을 볼 수 있다.

7half.info/tedx

**58** / **사회적 현실과 물리적 현실의 경계에는 구멍이 많아**
**서** 이 다공성 경계는 본문에서 이야기한 와인과 커피에 대한 미각 실험을 통해 쉽게 드러난다. 이보다 조금 더 무거운 사례로 3강에서 언급한 '빈곤의 악순환'이 있다. 빈곤에 대한 사람들의 사회적 태도는 사회적 현실에 해당하는데, 이는 뇌 발달이라는 물리적 현실에 영향을 끼쳐서 어린 뇌들이 성장하여 빈곤층 성인이 될 가능성을 높인다.
7half.info/porous

**59** / **내가 '다섯 가지 C'라고 부르는 능력 세트** 다섯 가지 C는 서로를 강화하며 함께 진화한 특성이자 인간이 대규모로 사회적 현실을 창조할 수 있도록 능력을 부여해준 일련의 특성들을 한데 일컫기 위해 내가 고안한 용어다. 창의성, 의사소통, 모방, 협력의 네 가지 C는 진화생물학자 케빈 랠런드Kevin Laland의 연구에서 영감을 얻었으며, 이에 대한 설명의 상당 부분은 랠런드의 저서 《다윈의 미완성 교향곡: 문화가 어떻게 인간의 마음을 만들어내는가Darwin's Unfinished Symphony: How Culture Made the Human Mind》에서 가져왔다. 랠런드는 인간의 진화에서 사회적 현실의 역할을 논하지 않

지만, 문화적 진화와 관련된 개념에 관해 이야기한다.

7half.info/5C

**60** / **1800년대 탐험가들** 생존을 위해 원주민과 협력한 탐험가들의 사례는 인류학자 조지프 헨리히Joseph Henrich의 저서《우리 성공의 비밀: 문화는 어떻게 인간의 진화를 이끌어가고 우리 종을 길들이며 우리를 더 똑똑하게 만드는가The Secret of Our Success: How Culture Is Driving Human Evolution, Domesticating Our Species, Making Us Smarter》에서 가져왔다.

7half.info/explore

**61** / **다섯 번째 C에 해당하는 '압축'이 필요하다** 압축은 뇌의 여러 부분에서 일어난다. 여기에서는 대뇌피질, 특히 두 번째 층과 세 번째 층에서 일어나는 압축에 관해 설명한다. 인간의 뇌는 이 중요한 층들에서 배선을 강화해왔는데, 이것이 압축능력을 향상시킨다.

하지만 압축능력을 가진 커다랗고 복잡한 뇌만으로는 사회적 현실의 작은 부분들이 문명으로 한데 융합되기에 충분하지 않다. 당신에게는 또한 강화된 배선으로 인간의 뇌를 구축하고 유지하는 데 필요한 에너지를 충분히 공급하기 위해 적절한 신진대사적 환경이 필요하다. 농업이 그 예다. 이와 관련된 유용한 논의들에 관해서는 랠런드의 저서 《다윈의 미완성 교향곡》을 보라. 그리고 진화생물학자 리처드 랭엄Richard Wrangham의 저서 《요리 본능Catching Fire: How Cooking Made Us Human》도 참고하라.

7half.info/metabolic

## 62 / 눈, 귀, 그리고 다른 감각기관으로부터 감각 데이터

감각 데이터는 눈, 귀, 코 등 신체의 다양한 감각기관에서 수집되어 뇌가 사용할 수 있는 신경신호로 변환된다. 감각 데이터는 일반적으로 뇌에 도달하기 전에 여러 정거장을 거친다. 시각의 경우를 예로 들자면, 망막(안구 뒤쪽에 줄지어 있는 얇은 층)에 있는 세포들을 광수용체photoreceptors라고 하는데, 이 광수용체가 빛 에너지를 신경신호로 변환한다. 이 신경신호들은 시신경optic nerve이라고 하는 신경섬유 다발을 따라 이동한다. 시신경섬유들의 대부분은 시상이라는 뇌 구조의 일부인 외측슬상핵lateral geniculate nucleus이라고 하는 신경세포 클러스터에 연결되어 있다. 시상의 주요 임무는 신체와 주변 세계의 감각 데이터를 대뇌피질로 전달하는 것이다. 거기서 신경신호는 대뇌피질의 뒷부분인 후두엽에 있는 '일차시각피질'이라고 알려진 신경세포들로 전달된다. 소수의 축삭은 시신경에서 떨어져서 피질하조직의 다른 부분들로 이동하는데, 여기에는 체내 시스템들을 조절하는 데 중요한 피질하 구조인 시상하부가 포함된다.

냄새와 관련된 이른바 후각계를 제외하면 대부분의 감각계가 이와 비슷한 방식으로 작동한다. 공기 중의 화학물질을 신경신호로 변환하는 세포는 후각신경구라는 구조에 들어 있는데, 이 세포들은 시상을 건너뛰고 대뇌피질로 정보를 직접 보낸다. 그러면 신경신호들은 후각 데이터를 일차후각피질로 가져간다. 일차후각피질은 섬엽insular이라고 하는 뇌 영역의 일부인데, 섬엽은 측두엽과 전두엽 사이에서 대뇌피질의 일부를 이루고 있다

7half.info/sense-data

**63 / 압축은 당신의 뇌가 '추상적으로' 생각할 수 있게 한다** 뇌가 어떻게 정보를 압축하고, 압축이 어떻게 추상화로 이어지는지 그 세부사항에 대해서는 과학자들이 여전히 연구 중이다.

고도로 압축된 추상화에 얼마나 많은 감각정보와 운동정보가 남아 있는지에 대해 학자들 간에 격렬한 논쟁이 오랫동안 있어왔다. 일부 과학자는 추상화가 모든 감각에서 들어온 정보들을 포함함을 뜻하는 다중모드multimodal로 되어 있다고 생각한다. 하지만 또 다른 과학자들은 추상화가 감각 데이터를

포함하지 않는 '무형amodal'이라고 생각한다. 내 견해를 이야기하자면, 과학적 증거들은 다중모드 가설을 선호한다는 것이다. 예를 들어 가장 압축된 요약은 신경학자와 신경해부학자들이 헤테로모달heteromodal이라 부르는 대뇌피질 영역에서 생성되는데, 이는 그 영역들이 운동정보뿐만 아니라 여러 가지 감각정보도 관리한다는 것을 뜻한다.

한편 뇌는 압축이 아닌 다른 방법으로도 추상화를 해낼 수 있는 것으로 추정된다. 왜냐하면 개들처럼 거대한 뇌가 없거나 벌들처럼 대뇌피질이 없는 동물도 두 가지 사물을 기능에 따라 유사한 것으로 취급할 수 있기 때문이다. 다시 말해 개나 벌의 뇌도 어느 정도까지는 추상화를 할 수 있다.

7half.info/abstract

**64** / **다섯 가지 C는 서로 얽히고 강화되어** 이 아이디어와 인간 진화와의 관련성은 계속되고 있는 과학적 논쟁 주제 중 하나다. 진화론의 관점 중 하나인 '현대종합설modern synthesis'은 멘델 유전학에서 시작된 유전자 과학과 다윈의 자연선택론을 결합하고, 한 세대에서 다음 세대로 정보를 전달하는 유일하게 안정적인 방법이 유전자라고 가정한다. 진화생물학자 리처드 도킨스의 이기적 유전자 가설이 그 예다. 한편 '증보판 진화론적 종합이론extended evolutionary synthesis'으로

알려진 또 다른 관점은 다양한 C를 포함하며, 세대를 거쳐 안정적으로 정보를 전달하는 다른 출처들을 밝혀낸 연구 결과들을 바탕으로 한다(예를 들면 발달 중인 뇌를 배선하는 시각 환경 속 감각 데이터, 그리고 정보의 문화적 전달). 진화·발달신경과학을 고려하는 증보판 진화론적 종합이론은 문화적 진화cultural evolution 및 유전자-문화 공진화gene-culture co-evolution 뿐만 아니라 후생유전학epigenetics과 적소 구축niche construction과 같은 다른 전달 수단들을 제안한다. 바버라 핀레이와 케빈 랠런드의 견해가 그 예다. 이 과학적 논쟁에 관한 설명은 우리 강의의 범위를 넘는다. 이에 관해 읽을 만한 자료 목록은 웹페이지에 올려두었다.

7half.info/synthesis

**65** / **그것은 막대기에 물리적인 것을 넘어서 최고 권력의 기능을 부과** 침팬지를 비롯해 인간이 아닌 여러 동물에게서 지배 서열이 나타나지만, 이러한 서열은 사회적 현실로 확립되거나 유지되지 않는다. 만약 한 무리 안의 모든 침팬지가 누가 우두머리인지에 동의한다면, 그건 그 우두머리가 자신에게 도전해오는 모든 동물을 죽일 것이기 때문이다. 죽이는 것은 물리적 현실이다. 오늘날 대부분의 인간 지도자들은 적을 죽이지 않고 권력을 유지한다.

이토록 뜻밖의 뇌과학

7half.info/sticks

**66** / **"우리가 판타지 세계를 만드는 것은 현실을 회피하 기 위해서가 아니라 현실에 머무르기 위해서다."** 판 타지 세계에 대한 이 인용문은 작가이자 만화가인 린다 배리 의 저서 《그게 뭐냐 하면What It Is》에서 가져왔다.

7half.info/barry

**67** / **피부색과 같은 신체적 특성들** 피부 색소 침착은 환 경에서의 자외선 양과 연관되어 진화하고 또 진화해 왔다. 밝은 피부색은 자외선이 적은 환경에 더 적합하다. 연 한 색소 침착은 피부가 더 많은 빛을 흡수해서 뼈의 성장과 강화를 돕고 건강한 면역계에 중요한 비타민 D를 더 많이 생 성할 수 있게 한다. 이와 반대로 어두운 피부색은 피부가 너 무 많은 빛을 흡수하지 않도록 해주기 때문에 자외선이 더 많 은 환경에 잘 맞는다. 어두운 피부색은 결과적으로 비타민 $B_9$ 와 엽산의 파괴 속도를 늦춰주는데, 이 두 가지는 세포 성장 과 신진대사에 중요하고 특히 임신 초기에 (햇빛이 엽산을 분해하기 때문에) 더욱 중요하다. 자외선의 강도는 당신이 적도에 얼마나 가까이 있느냐에 따라 결정되지만, 실제로 피 부를 투과하는 자외선의 양은 피부 색소 침착에 따라 달라진

다. 더 상세한 설명은 인류학자 나나 자블론스키Nina Jablonski의
저서 《살아 있는 색깔: 피부색의 생물학적·사회적 의미Living
Color : The Biological and Social meaning of Skin Color》에 들어 있다.

7half.info/skin

더 상세한 내용은 홈페이지 sevenandahalflessons.com에서
확인해보기 바란다.

# 나오며

옛날옛적에 당신은 바다에 떠다니는 하나의 막대기에 달린 작은 위장이었다. 당신은 조금씩 진화했다. 감각계를 갖춰나가면서 당신은 자신보다 더 큰 세계의 일부라는 것을 알게 되었다. 당신은 그 세계에서 효율적으로 헤엄쳐나가기 위해 신체 시스템들을 발달시켰다. 그리고 당신은 신체예산을 운영하는 뇌를 발달시켰다. 당신은 다른 몸의 뇌들과 함께 집단을 이루어 살아가는 법을 배웠다. 당신은 물 밖으로 기어 나와 육지로 올라갔다. 그러고는 시행착오에서 비롯되는 혁신과 어마어마하게 많은 동물의 죽음으로 점철된 진화적 시간을 거쳐 마침내 인간의 뇌를 갖게 되었다. 많은 놀라운 일을 해낼 수 있지만 동시에 이토록 자신을 심각하게 오해하는 그런 뇌 말이다.

1. 우리 안에서 마치 감정과 이성이 맞붙어 싸우는 것처럼 느껴지는 다양한 정신적 경험을 만들어내는 뇌

2. 너무 복잡해서 비유로 설명하면 그것을 지식으로 착각하게 만드는 뇌

3. 스스로 재배선하는 것에 너무나 능숙해서 실제로는 우리가 배운 모든 것을 선천적으로 타고난 것처럼 생각하게 하는 뇌

4. 환각을 매우 잘 일으켜서 우리가 세상을 객관적으로 보고 있다고 믿게 하고, 우리가 움직임을 반응으로 착각할 정도로 정말 빨리 예측하는 뇌

5. 전혀 눈에 띄지 않게 다른 뇌를 조절하여 우리가 서로 별개인 것처럼 여기게 하는 뇌

6. 너무 많은 종류의 마음을 만들어내어 그것들을 모두 설명할 수 있는 단 하나의 인간 본성이 있을 거라고 추정하게 만드는 뇌

7. 사회적 현실을 자연계로 착각할 정도로 자신이 발명해낸 것들을 너무 잘 믿어버리는 뇌

오늘날 우리는 뇌에 관해 많이 알고 있지만 배워야 할 것들은 여전히 너무 많다. 지금으로서는 최소한 우리 뇌의 환상적인 진화 여정의 개요를 설명하고, 이것이 우리 삶의 가장

중심적이고 도전적인 측면에 어떤 의미를 갖는지 숙고할 수 있을 정도로는 충분히 알게 되었다.

우리 뇌는 동물의 왕국에서 제일 큰 것도 아니고, 객관적 의미에서 최고인 것도 아니다. 다만 우리의 것일 뿐이며 우리의 강점과 약점들의 원천이다. 뇌는 우리에게 문명을 건설할 수 있는 능력과 동시에 서로를 파괴할 수 있는 능력을 부여했다. 뇌는 우리를 불완전하며 또한 영예롭게, 그야말로 인간으로 만들어준다.

# 뇌란 무엇인가, 인간이란 무엇인가에 대한 가장 명확하고 우아한 뇌과학적 설명!

한 분야의 최전선에서 활약하는 세계적인 학자의 글을 읽는 것은 언제나 짜릿한 일이다. 게다가 그 글이 전문지식이 많지 않아도 읽을 수 있는 뇌과학 책이라면 더더욱 그렇다. 배럿 박사의 이 신간을 번역하기 위해 나는 오랫동안 설레는 마음으로 기다렸다.

리사 펠드먼 배럿은 심리학과 신경과학 분야에서 너무나 유명한 학자이지만 일반인들에게는 생소할 것 같아 조금 소개해보겠다. 구글 학술검색에 저자의 이름을 검색하면 1993년부터 올해까지 수백 개의 문헌 목록이 나오는데, 제목에 가장 많이 등장하는 단어는 바로 '정서'다. 정서에 관해 들여다보려는 심리학도라면 피해갈 수 없는 거대한 산이 바로 '배럿'의 이름이 달린 논문 더미다. 나 역시 이 산 속에서 헤매며 생소한 관점의 접근을 이해하기 위해 2년이 넘는 시간을 분투해야 했다. 배럿의 문헌들 중 가장 많이 인용되고 가장 오래 읽히고 있는 자료는 아마도 현재 4판까지 출간되어 있는 《정서 핸드북Handbook of emotions》일 것이다.

이러한 사실들은, 배럿 박사가 바로 정서 분야 연구를 대표하는 심리학자라는 것을 상기시켜준다. 그럼에도 국내 심리학계에는 이처럼 새롭게 업데이트되고 있는 신경과학적 근거에 대한 탐구가 많이 부족하고, 대중은 물론이고 학자들에게도 덜 알려져 있어 안타깝게 생각해왔다. 그러던 차에 이 책을 번역해 국내 독자들에게 소개할 기회가 열려 매우 기쁘게 생각한다.

배럿과 동료들의 열정적인 연구와 저술 활동을 통해 나는 현재 심리학 교과서에 등장하는 많은 이론이 얼마나 빈약한 과학적 토대를 갖고 있는지 실감하게 되었다. 예를 들어 폴 에크먼Paul Ekman의 기본정서이론Basic Emotion Theory이나 매클린의 삼위일체 뇌와 같은 과거의 가설들은 더 이상 어떤 주장의 근거가 되기 어렵다. 새로운 과학적 발견들은 심리학자들에게 과거의 견해들을 수정하고 업데이트하도록 권한다. 그럼에도 많은 심리학자가 여전히 과거의 가설들을 인용하면서 인간에게 감정이 여덟 개, 또는 열 개라고 말한다거나 뇌 어디에서 긍정적인 감정이, 어디에서는 부정적 감정이 만들어진다는 식으로 이야기한다. 이런 오류들에 대해서는 졸저 《내 마음을 읽는 시간》의 4장에서 일부 소개한 바 있다. 또한 배럿의 전작《감정은 어떻게 만들어지는가?》에서는 이에 대해 매우 자세히 설명한다.

뇌에 대한 신화를 마치 과학적 사실처럼 내건 자료들에 속지 않기 위해서라도 임상심리학과 상담심리학은 물론이고, 인지·사회·생물·조직·산업 심리학 등 세부 전공에 상관없이 심리학을 공부하는 사람이라면 반드시 이 책을 읽어보기를 권한다. 뇌신경과학과 심리학의 경계가 허물어지기 시작하는 이때, 뇌에 대한 전반적인 이해를 갖추지 않으면 무수히 쏟아지는 '뇌과학' 자료들에 휩싸여 길을 잃을 가능성이 높으니 말이다. 물론 이 책은 학술서가 아니며 웬만한 교양 과학서보다도 쉽고 명료하게 쓰여 있으므로 심리학 전공자가 아니더라도 누구나 재미있게 읽을 수 있다.

그간 철학과 심리학, 신경과학의 영역들을 오가며 무수한 논문을 쌓아놓고 '인간의 마음'이라는 퍼즐을 맞추느라 낑낑댔던 한 사람으로서, 신경과학의 근거들을 하나하나 뒤적이며 심리학 공부를 해온 사람으로서 자신 있게 권한다. 인간의 마음, 또는 인간의 뇌가 과연 무엇이며 어떻게 작동하는지 이 책보다 더 간결하고 명확하게 설명할 수는 없을 것이다.

하지만 무엇보다 이 책의 가치worth는 저자가 강조하는 진정한 가치value에서 나온다. 인간의 뇌 발달은 결코 혼자 이루어질 수 없다. 우리의 무한한 가능성도 결국 개인의 이성이나 합리성에서 나오는 것이 아니라 의사소통과 협력, 서로에 대한 모방과 창의력에서 나온다는 사실 말이다. 엄밀한 과학적 설명 뒤에 담긴 저자의 따뜻한 시선을 따라가며 에필로그에 도달할 때쯤에는 저자가 왜 이런 의미심장한 말을 했는지 고개를 끄덕이게 될 것이다.

"이 책을 덮을 때쯤 당신의 머리가 생각 말고도 더 많은 것을 위해 존재한다는 사실에 기뻐했으면 좋겠다. 내가 그랬듯 말이다."

이 책을 만난 것은, 그리고 배럿 박사를 알게 된 것은 우리에게 커다란 행운이다!

변지영

# 찾아보기

이토록 뜻밖의 뇌과학

옮긴이 **변지영**

작가, 임상·상담심리학 박사. 차의과학대학교 의학과에서 조절초점이 정신건강에 미치는 영향에 관한 연구로 박사 학위를 받았다. 지은 책으로《좋은 것들은 우연히 온다》《내 마음을 읽는 시간》《내 감정을 읽는 시간》《내가 좋은 날보다 싫은 날이 많았습니다》《항상 나를 가로막는 나에게》등이 있으며, 옮긴 책으로《나는 죽었다고 말하는 남자》가 있다.

jiyungbyun@gmail.com


감수 **정재승**

뇌의 의사결정을 연구하는 물리학자. KAIST에서 물리학 전공으로 학부를 졸업하고, 같은 학교에서 석사와 박사 학위를 받았다. 예일대학교 의대 정신과 연구원, 고려대학교 물리학과 연구교수, 컬럼비아대학교 의대 정신과 조교수를 거쳐 현재 KAIST 바이오및뇌공학과 교수 및 융합인재학부장으로 재직 중이다. 연구 분야는 의사결정 신경과학이며, 이를 바탕으로 정신질환 대뇌 모델링과 뇌-컴퓨터 인터페이스 분야를 연구하고 있다.

지은 책으로《열두 발자국》《정재승의 과학 콘서트》《물리학자는 영화에서 과학을 본다》등이 있으며, 함께 쓴 책으로《정재승+진중권 크로스》《눈먼 시계공》《1.4킬로그램의 우주, 뇌》등이 있다.